劳动预备制教材
职业培训教材

车工技术

（初　级）

中国劳动社会保障出版社

图书在版编目(CIP)数据

车工技术：初级/韩英树主编. —北京：中国劳动社会保障出版社，2009
劳动预备制教材　职业培训教材
ISBN 978-7-5045-8077-1

Ⅰ.车…　Ⅱ.韩…　Ⅲ.车削-技术培训-教材　Ⅳ.TG51

中国版本图书馆 CIP 数据核字(2009)第 238237 号

中国劳动社会保障出版社出版发行
(北京市惠新东街1号　邮政编码：100029)
出版人：张梦欣
*
世界知识印刷厂印刷装订　　新华书店经销
787 毫米×1092 毫米　16 开本　12.5 印张　295 千字
2009 年 12 月第 1 版　　2009 年 12 月第 1 次印刷
定价：19.00 元

读者服务部电话：010-64929211
发行部电话：010-64927085
出版社网址：http://www.class.com.cn

前 言

《中华人民共和国就业促进法》规定："国家采取措施建立健全劳动预备制度，县级以上地方人民政府对有就业要求的初高中毕业生实行一定期限的职业教育和培训，使其取得相应的职业资格或者掌握一定的职业技能。"

为进一步加强劳动预备制培训教材建设，满足各地实施劳动预备制对教材的需求，我们会同中国劳动社会保障出版社，对2000年出版的机械、电工、电子、计算机、汽车维修、餐饮服务、商业服务、服装制作、建筑等类劳动预备制培训的专业课教材组织有关人员进行修订改版，并新编了美容保健、数控加工、会计文秘类的专业课教材。

在组织修订、编写教材时，考虑到接受培训人员的实际水平，为了使学员在较短时间内掌握从业必备的基本知识和操作技能，我们力求做到学习的理论知识为掌握操作技能服务，操作技能实践课题与生产实际紧密结合，内容深入浅出、图文并茂，增强教材的实用性和可读性。同时，注意在教材中反映新知识、新技术、新工艺和新方法，努力提高教材的先进性。

为了在规定的期限内更好地完成劳动预备制培训，各专业按照公共基础课＋专业课的模式进行教学。公共基础必修课教材为《法律常识》《职业道德》《就业指导》《计算机应用》，选修课教材为《应用数学》《实用写作》《英语日常用语》《劳动保护知识》《实用物理》《交际礼仪》。专业课教材分为专业基础知识教材和专业技术（理论和实训一体化）教材，每个专业一般2～3本。

在这批教材的修订、编写过程中，编审人员克服各种困难，较好地完成了任务。在此，谨向付出辛勤劳动的编审人员表示衷心感谢。

由于编写时间有限，教材中可能有一些不足之处，我们将在教材使用过程中听取各方面的意见，适时进行修改，使其趋于完善。

人力资源和社会保障部教材办公室

2008年9月

简　介

本书依据车工初级工国家职业标准，采用单元模块式的内容组织形式，工艺理论和实习实训密切结合，力求达到理论与技能的统一。书中内容包括普通车床初级加工的基本实践以及链接的基本工艺知识和实用案例。具体涉及机床操作以及轴、套、成形面、圆锥面、螺纹加工，设备维护与调整等内容。基本涵盖了初级普通车工所应掌握的工艺理论、技能操作训练内容。

本书由沈阳职业技术学院韩英树主编，韩宁副主编，张琦参编。

目 录

注：加*表示选学内容。

第一单元　车削工件基础

模块一　普通卧式车床的使用、维护与保养

任务 1　CA6136 型车床概述

学习目标

掌握 CA6136 型车床操作技术

知识点

①机床名称、机床各部件及操纵手柄名称

②车床传动路线的基础知识

技能点

能够操纵机床各部位手轮及手柄，变换主轴转速、螺距及进给量

一、明确任务

在车削加工中进行机床操作，熟练地使用加工小型工件的车床，并能对车床进行维护和保养，加工工件时要求熟练地掌握车床的操作技巧（在生产中 CA6136 型车床一般用于小零件及批量螺纹工件的生产）。

二、实施任务

CA6136 型车床操纵图如图 1—1 所示，车床各部件及操纵手柄名称见表 1—1。

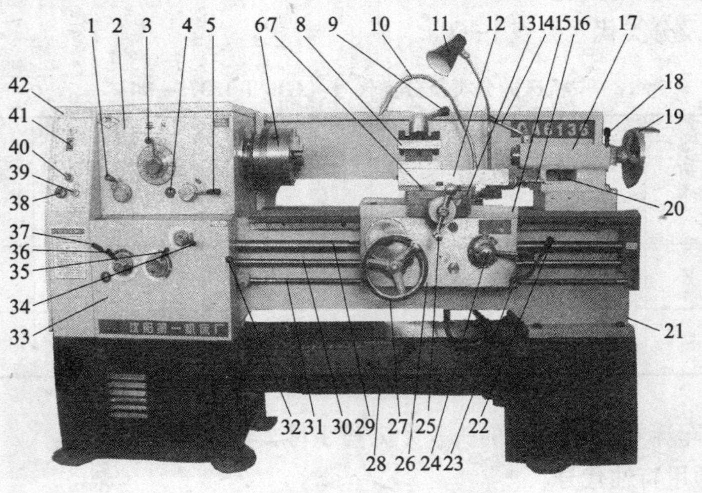

图 1—1　CA6136 型车床操纵图

表 1—1　CA6136 型车床各部件及操纵手柄名称

图上编号	名称及用途	图上编号	名称及用途
1	纵、横向正、反进给手柄	21	冷却、润滑泵
2	主轴箱（主运动）	22（32）	主轴正、反转操纵手柄
3	主轴变速手柄	23	开合螺母操纵手柄
4	油窗	24	丝杠与光杠互锁手柄
5	主轴转速高、低挡变换手柄	25	中滑板横向移动手柄
6	卡盘	26	溜板箱（进给运动）
7	小滑板角度刻度盘	27	床鞍纵向移动手轮
8	刀架	28	盛液盘
9	刀架转位及固定手柄	29	丝杠（车削螺纹）
10	切削液喷嘴	30	光杠（光滑车削）
11	照明灯	31	操纵杠（改变主轴旋转方向）
12	小滑板	33	进给箱（进给运动）
13	中滑板（横向进给）	34	丝杠与光杠转换手柄
14	尾座顶尖套筒固定手柄	35	螺距及四挡进给量调整手柄
15	床鞍（纵向进给）	36，37	螺距及四挡进给量微调手柄
16	小滑板移动手柄	38	急停按钮
17	尾座	39	主电动机启动按钮
18	尾座快速紧固手柄	40	冷却泵总开关
19	尾座顶尖套筒移动手轮	41	电源总开关
20	尾座锁紧螺母	42	交换齿轮箱（米制、模数变换）

三、知识链接

1. 机床的分类及分类代号

机床的分类及分类代号见表 1—2。

表 1—2　机床的分类及分类代号（GB/T 15375—94）

类别	车床	钻床	镗床	磨床			齿轮加工机床	螺纹加工机床	铣床	刨插床	拉床	锯床	其他机床
代号	C	Z	T	M	2M	3M	Y	S	X	B	L	G	Q
读音	车	钻	镗	磨	二磨	三磨	牙	丝	铣	刨	拉	割	其

例如，用“车床”汉语拼音的头一个大写字母“C”表示车床类。

2. 机床的通用特性代号

机床的通用特性代号见表 1—3。

表 1—3　　　　　　　　　　　　　机床的通用特性代号

通用特性	高精度	精密	自动	半自动	数控	加工中心（自动换刀）	仿形	轻型	加重型	简式或经济型	柔性加工单元	数显	高速
代号	G	M	Z	B	K	H	F	Q	C	J	R	X	S
读音	高	密	自	半	控	换	仿	轻	重	简	柔	显	速

3. 车床分类

车床类组、系的划分见表 1—4。

表 1—4　　　　　　　　　　　　　车床类组、系的划分

组		系		组		系	
代号	名称	代号	名称	代号	名称	代号	名称
0	仪表车床	0	仪表台式精整车床	3	回轮、转塔车床	0	回轮车床
		1				1	滑鞍转塔车床
		2				2	棒料滑枕转塔车床
		3	仪表转塔车床			3	滑枕转塔车床
		4	仪表卡盘车床			4	组合式转塔车床
		5	仪表精整车床			5	横移转塔车床
		6	仪表卧式车床			6	立式双轴转塔车床
		7	仪表棒料车床			7	立式转塔车床
		8	仪表轴车床			8	立式卡盘车床
		9	仪表卡盘精整车床			9	
1	单轴自动车床	0	主轴箱固定型自动车床	4	曲轴及凸轮轴车床	0	旋风切削曲轴车床
		1	单轴纵切自动车床			1	曲轴车床
		2	单轴横切自动车床			2	曲轴主轴颈车床
		3	单轴转塔自动车床			3	曲轴连杆轴颈车床
		4	单轴卡盘自动车床			4	
		5				5	多刀凸轮轴车床
		6	正面操作自动车床			6	凸轮轴车床
		7				7	凸轮轴中轴颈车床
		8				8	凸轮轴端轴颈车床
		9				9	凸轮轴凸轮车床
2	多轴自动、半自动车床	0	多轴平行作业棒料自动车床	5	立式车床	0	
		1	多轴棒料自动车床			1	单柱立式车床
		2	多轴卡盘自动车床			2	双柱立式车床
		3				3	单柱移动立式车床
		4	多轴可调棒料自动车床			4	双柱移动立式车床
		5	多轴可调卡盘自动车床			5	工作台移动单柱立式车床
		6	立式多轴半自动车床			6	
		7	立式多轴平行作业半自动车床			7	定梁单柱立式车床
		8				8	定梁双柱立式车床
		9				9	

续表

组		系		组		系	
代号	名称	代号	名称	代号	名称	代号	名称
6	落地及卧式车床	0	落地车床	8	轮、轴、辊、锭及铲齿车床	0	车轮车床
		1	卧式车床			1	车轴车床
		2	马鞍车床			2	动轮曲拐销车床
		3	轴车床			3	轴颈车床
		4	卡盘车床			4	轧辊车床
		5	球面车床			5	钢锭车床
		6				6	
		7				7	立式车轮车床
		8				8	
		9				9	铲齿车床
7	仿形及多刀车床	0	转塔仿形车床	9	其他车床	0	落地镗车床
		1	仿形车床			1	
		2	卡盘仿形车床			2	单能半自动车床
		3	立式仿形车床			3	气缸套镗车床
		4	转塔卡盘多刀车床			4	
		5	多刀车床			5	活塞车床
		6	卡盘多刀车床			6	轴承车床
		7	立式多刀车床			7	活塞环车床
		8	异形仿形车床			8	钢锭模车床
		9				9	

例如，6 与 2 组合为“62”，代表卧式马鞍车床。

4. 结构特性代号

对主参数相同而结构、性能不同的机床，在型号中加上结构特性代号予以区别。根据各类机床的具体情况，对某些结构特性代号，可以赋予一定含义，但结构特性代号与通用特性代号不同，它在型号中没有统一的含义，只在同类机床中起区分机床结构、性能的作用。结构特性代号顺序排在通用特性代号之后。通用特性代号已用的字母及“I 和 O”两个字母均不能作为结构特性代号。因此，结构特性代号仅可使用 A，D，E，L，N，P，T，U，V，W 和 Y 共 11 个字母，单个字母不够用时，可将两个字母组合起来使用，如 AD，AE，DA，EA 等。

5. 解释车床型号

解释 CA6136 型车床型号的含义。

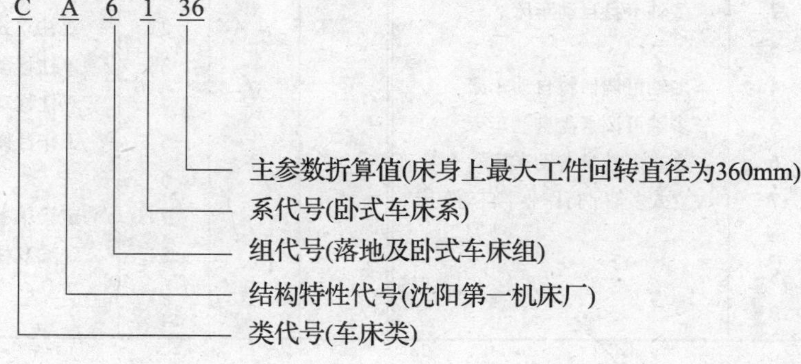

6. 车床传动路线

车床传动路线框图如图1—2所示，车床的动力由电动机经带轮传至主轴箱，一条路线经主轴箱传至主轴带动卡盘旋转；另一条路线先由主轴箱传至交换齿轮箱，再传至进给箱，通过变换手柄再分别传至丝杠和光杠，带动溜板箱（床鞍）沿导轨移动，从而带动中、小滑板和刀架做纵向、横向直线运动。

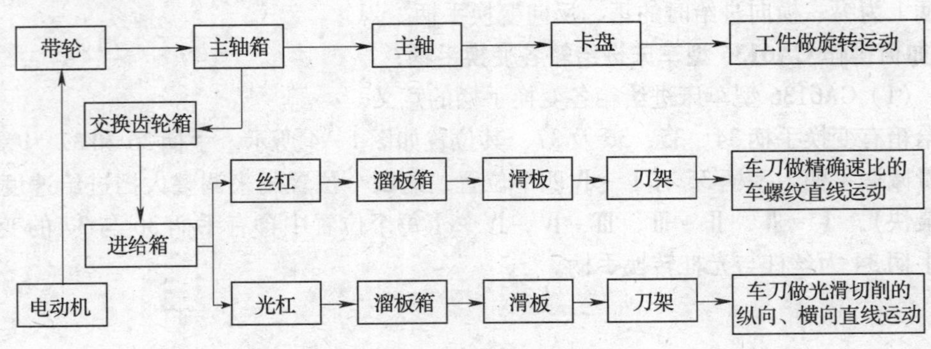

图1—2 车床传动路线框图

四、训练课题

1. CA6136型车床主轴箱手柄变换位置的意义如何？
2. 如何操作CA6136型车床进给箱各变换手柄？
3. 如何识读CA6136型车床溜板箱及尾座刻度盘的刻度？

五、训练指导

1. CA6136型车床主轴箱手柄变换位置的意义如何？

答：（1）主轴箱体手柄2和3变换位置的意义

如图1—3所示为CA6136型车床主轴变速手柄的位置，在图中，2为主轴转速高、低挡变换手柄，高、低转速各有6个，参见主轴转速圆铭牌区，圆铭牌区内有一个变速手柄3，转动变速手柄3，可以进行高、低各6种正、反转速的变换，内圈黑区为低速，对应高、低挡变换手柄2的黑区；外圈白区为高速，对应高、低挡变换手柄2的白区。正转标记与反转标记中间有中心分界线，变速手柄3与正转1 600 r/min和反转1 570 r/min的中心分界线重合，中间分界线必须对准正、反转标记的中间。在高挡速区，中心分界线左侧显示的正转转速有290，410，570，820，1 170和1 600 r/min，分界线右侧显示为反转转速的有800，

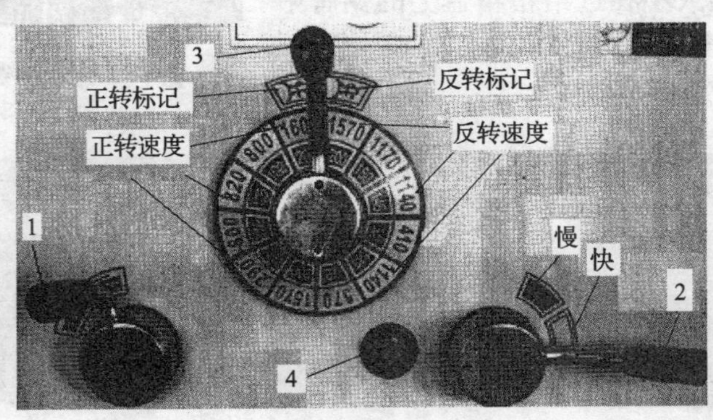

图1—3 CA6136型车床主轴变速手柄的位置

1—纵、横向正、反进给手柄 2—主轴转速高、低挡变换手柄 3—主轴变速手柄 4—油窗

1 140 和1 570 r/min。从图示手柄3 可以看出，手柄3 在正中间时（与分界线重合），当提起操纵杠时，主轴正转，转速为 1 600 r/min；当压下操纵杠时，主轴反转，转速为 1 570 r/min。因此，中心分界线在正、反转标记正中间位置时，表示挂挡正确。4 为油窗，润滑油以过窗口中间为宜。

（2）进给方向手柄 1 变换位置的意义

手柄 1 为纵、横向进给时的正、反向变换手柄。

2. 如何操作 CA6136 型车床进给箱各变换手柄?

答：（1）CA6136 型车床进给箱各变换手柄的意义

进给箱有变换手柄 34，35，36 及 37，其位置如图 1—4 所示。手柄 36 和 37 为螺距及四挡进给量微调手柄。手柄 35 有Ⅰ～Ⅳ四个位置，这四个位置用来调整大挡进给速度（Ⅰ最慢，Ⅳ最快），Ⅰ～Ⅱ，Ⅱ～Ⅲ，Ⅲ～Ⅳ，Ⅳ～Ⅰ每个位置中含有手柄 36 与 37 的变换微调速度。手柄 34 为丝杠与光杠转换手柄。

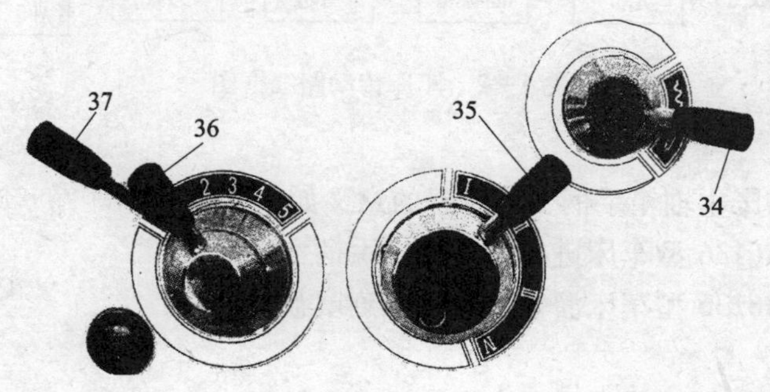

图 1—4　进给箱各变换手柄的位置

34—丝杠与光杠转换手柄　35—螺距及四挡进给量调整手柄　36，37—螺距及四挡进给量微调手柄

微调进给量时，参照进给箱上的铭牌，其中手柄 37 参考斜杠前的数进行调整，手柄 36 参考斜杠后的数进行调整，如图 1—5 所示为 CA6136 型车床螺距和进给量手柄（36 和 37）的调配位置。

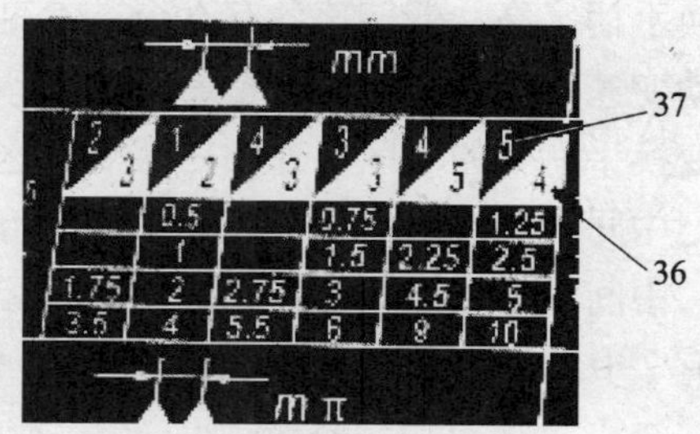

图 1—5　CA6136 型车床螺距和进给量手柄（36 和 37）的调配位置

（2）进给量及螺距的选择

进给量或螺距的大小在进给箱箱盖上的铭牌中可以查到，如图 1—6 所示为 CA6136 型车床铭牌中的螺距和进给量调配表。

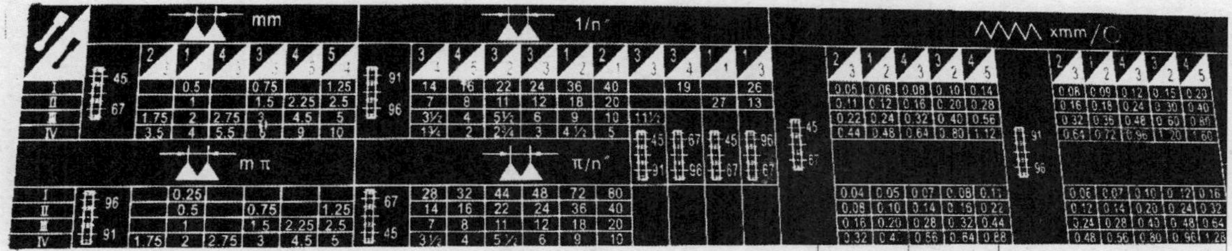

图 1—6　CA6136 型车床铭牌中的螺距和进给量调配表

定义为：当顺时针方向摇动手轮时，如图 1—21a 所示（从操作者面对着安装该手轮的轴端看），被控制部件床鞍产生一个向右的运动，如图 1—21b 所示。

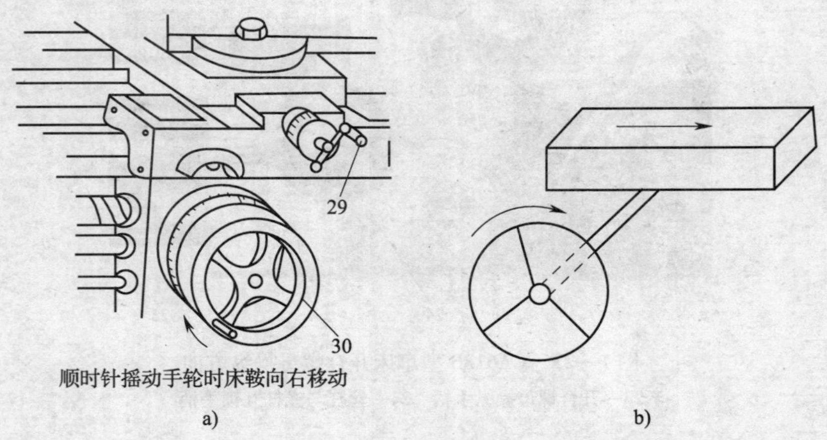

图 1—21　CA6140 型车床床鞍纵向移动手轮与床鞍运动方向的关系

a）操纵床鞍纵向移动手轮 30　b）床鞍纵向移动手轮与床鞍运动方向定义

（2）中滑板横向移动手柄、小滑板移动手柄的方向

以 CA6140 型车床为例，中滑板横向移动手柄 29 和小滑板移动手柄 15 与滑板运动方向的关系如图 1—22 所示，操作方向定义为：当顺时针方向旋转中、小滑板手柄（从操作者面对着安装该手柄的轴端看）时，被控制部件中滑板和小滑板产生一个远离操作者的直线运动，如图 1—22b 所示。

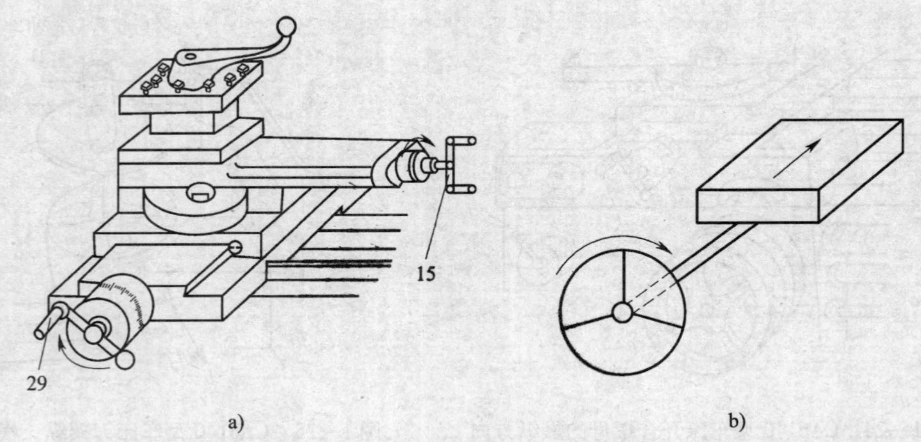

图 1—22　中、小滑板手柄与滑板运动方向的关系

a）顺时针摇动中、小滑板手柄 29 及 15　b）中、小滑板手柄与滑板运动方向定义

（3）CA6136 型车床溜板箱开合螺母的操纵方向

CA6136 型车床开合螺母操纵方向如图 1—23 所示，当丝杠转动时，推进图 1—23 中的手柄 24，压下手柄 23，刀具接收由丝杠传来的动力，用于车削螺纹。拔出手柄 24 时，刀具接收由光杠传来的动力，用于车削光滑圆柱。此时上抬手柄 23 为自动横向进给，压下手柄 23 为自动纵向进给。

图 1—23　CA6136 型车床开合螺母操纵方向

23—开合螺母操纵手柄　24—丝杠与光杠互锁手柄

（4）CA6140 型车床溜板箱开合螺母的操纵方向

CA6140 型车床开合螺母的操纵方向如图 1—24 所示，当丝杠转动时，压下 CA6140 型车床溜板箱开合螺母，即压下图 1—24 中的手柄 27，刀具接收由丝杠传来的动力，用于车削螺纹。抬起手柄 27 时，刀具接收由光杠传来的动力，用于车削光滑圆柱。如此时刀架纵、横自动进给及快移手柄 21 扳到十字开口槽的中间，如图 1—25 所示，用手摇动床鞍纵向移动手轮 30 和中滑板横向移动手柄 29，即可实现手动正、反向进给。如此时按纵向（a—a）和横向（b—b）方向扳动刀架自动进给手柄 21，即可进行纵向、横向的正、反向自动进给。如再将手柄 21 扳到十字开口槽中间位置时，停止进给。

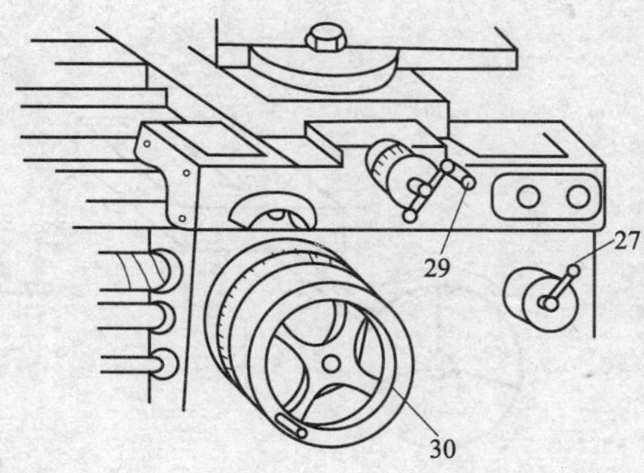

图 1—24　CA6140 型车床开合螺母的操纵方向

27—开合螺母操纵手柄　29—中滑板横向移动手柄

30—床鞍纵向移动手轮

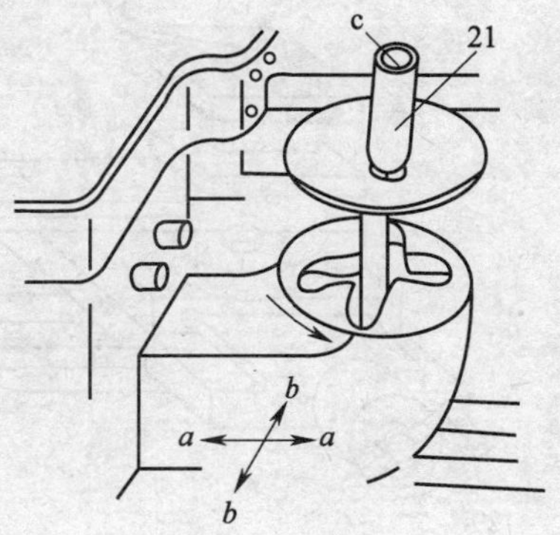

图 1—25　CA6140 型车床刀架纵、横向自动进给及快移手柄

当操纵过程中需要快速移动刀架时，可按下图 1—25 中手柄 21 顶部的按钮 c。松开按钮时，快速进给停止。

三、知识链接

主轴旋转方向的定义（以 CA6140 型车床为例）：

按下主电动机启动按钮 22 后，可以用主轴正、反转操纵手柄 35（25）控制操纵杠 34

使主轴旋转，如图1—26a所示。机床主轴正、反转操纵手柄35（25）的操纵方向与主轴旋转方向的关系如图1—26b所示。

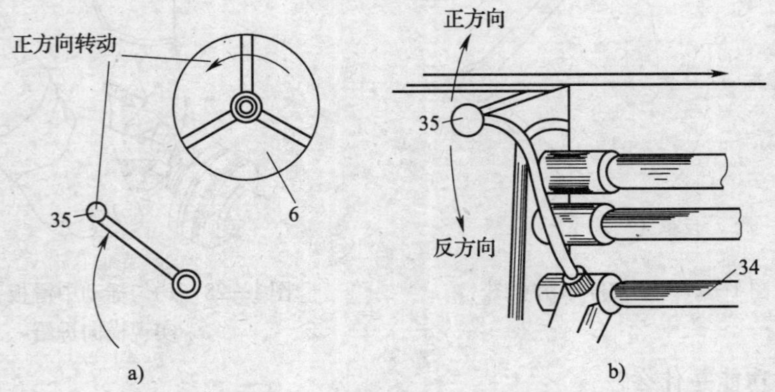

图1—26　主轴正、反转操纵手柄与主轴旋转方向的关系

6—卡盘　34—操纵杠　35（25）—主轴正、反转操纵手柄

四、训练课题

1. 如何控制CA6140型车床的开车、停车和反车？
2. CA6140型车床纵向、横向、斜向手动进给如何实现？
3. 如何转动和锁紧CA6140型车床的刀架？
4. 尾座的功能是什么？
5. 小滑板斜向移动时怎样转动角度刻度盘？
6. CA6140型车床限位碰停环的作用是什么？
7. 在主轴变速过程中如齿轮被顶住应怎么办？
8. 工作时为什么应穿三紧工作服？
9. 高速切削时为什么必须戴护目镜？
10. 卡盘扳手不能随意放在卡盘上，为什么？

五、训练指导

1. 如何控制CA6140型车床的开车、停车和反车？

答：向上抬起主轴正、反转操纵手柄25（35）时，主轴产生逆时针（操作者面向主轴轴端看）的正方向旋转运动。当反车时，将手柄向下压到底，主轴产生顺时针的反方向旋转运动。

机床正车→停车和反车→停车都需将手柄压到中位，这时，为了消除因机床振动而使操纵手柄自由下落和人工操作复位不准的因素，应将操纵手柄压（抬）到中位后，有一个稍抬起的过程，然后再轻轻将手柄放到中位，如图1—27所示为主轴停车示意图。

2. CA6140型车床纵向、横向、斜向手动进给如何实现？

答：在实际操作中，双手交替摇动床鞍手轮及中、小滑板手柄，使纵向、横向、斜向进给慢而均匀。如图1—28所示，用双手均匀摇动中滑板手柄实现横向进给。

3. 如何转动和锁紧CA6140型车床的刀架？

答：如图1—29所示，手柄12用于实现刀架的转位和紧固。逆时针转动手柄12，可松开刀架。继续转动手柄，刀架随手柄逆时针转动至所需的位置时，再顺时针转动手柄12，直至将刀架紧固为止。

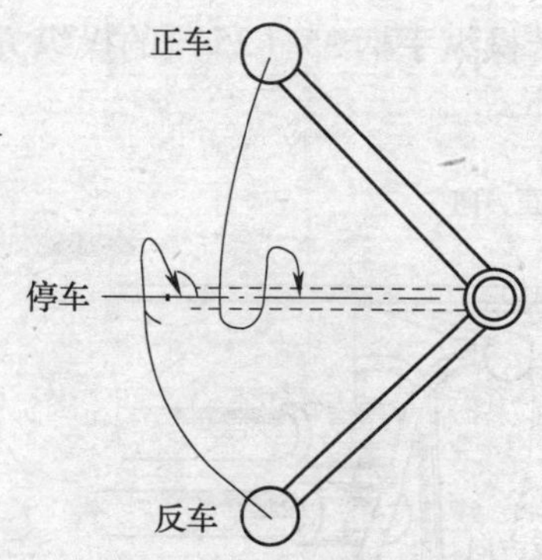

图 1—27　主轴停车示意图

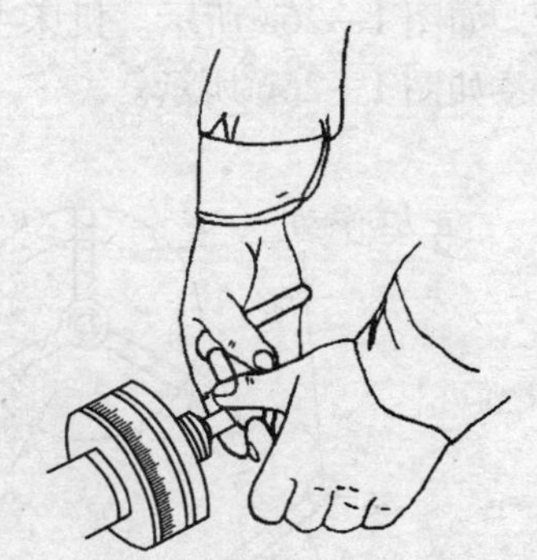
图 1—28　均匀摇动中滑板手柄实现横向进给

4. 尾座的功能是什么?

答：尾座的结构如图 1—30 所示，尾座 17 可沿床身导轨移动，以便支撑不同长度的工件。手柄 18 是尾座快速紧固手柄。使用时，将手柄 18 松开，使尾座底部的压板与床身导轨脱开，用手推动尾座，尾座即可沿导轨移动。扳紧尾座快速紧固手柄 18 时可使尾座锁紧在床身导轨上，必要时，为增加锁紧力，也可将固定螺母旋紧（见图中 b），使尾座更加牢固地锁紧在床身导轨上。固定螺母可用于调整尾座底部压板与床身导轨之间的相对位置。手动摇动尾座顶尖套筒移动手轮 19 即可控制尾座套筒（见图中 a）的移动，手动进给进行顶尖支撑、钻孔、锪孔、铰孔和攻螺纹、套螺纹等操作。16 为尾座顶尖套筒固定手柄，用以锁紧套筒，使尾座顶尖支撑工件时不产生晃动。

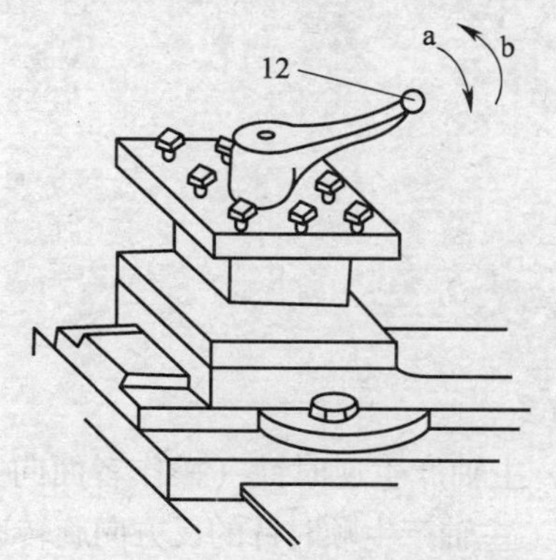

图 1—29　刀架的转位和锁紧操作

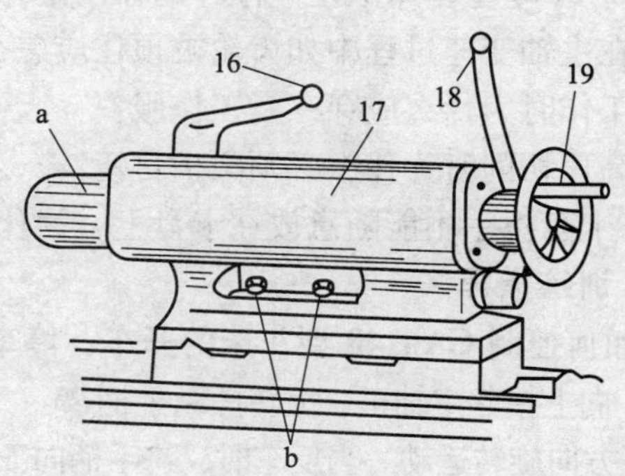

图 1—30　尾座的结构

5. 小滑板斜向移动时怎样转动角度刻度盘?

答：角度刻度盘的使用如图 1—31 所示，小滑板角度刻度盘 8 固定在中滑板上，中滑板上刻有角度刻度值，手动控制小滑板移动手柄 15 车削有锥度的工件时，松开螺母 a，刻度盘可分别向左、向右转动任意角度，扳动所需锥度的圆锥半角，再拧紧刻度盘 8 的螺母固定后，转动手柄 15，移动小滑板斜向车削短圆锥面。正常情况下（车圆锥形工件），刻度盘 8 上的刻线应对准中滑板上的零刻线。

无角度进给时，只需转动手柄 15 即可精确控制台阶长度尺寸。

6. CA6140 型车床限位碰停环的作用是什么?

答：限位碰停环 31（见图 1—32）套在操纵杠上，可以调节至任意位置并用螺钉固定。

其作用是保证在溜板箱机动进给到一定的限定位置时（如越过该位置就可能碰到中心架上或卡盘上等）能自动停止前进。

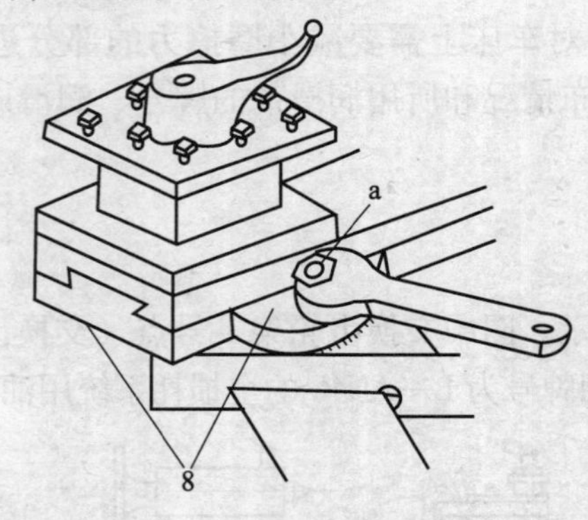

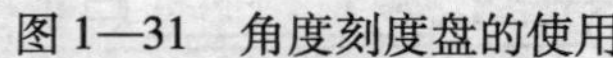

图 1—31　角度刻度盘的使用

图 1—32　限位碰停环

7. 在主轴变速过程中如齿轮被顶住应怎么办?

答：用主轴箱上的手柄和转速标牌选择合适的主轴转速时，在变速过程中如齿轮被顶住，可手动扳动一下卡盘后再变速。

8. 工作时为什么应穿三紧工作服?

答：工作时应穿三紧工作服（即袖口紧、领口紧、下摆紧），目的是防止被手柄绞缠及掉入飞屑。女工应戴工作帽，并将头发放入帽中，夏季禁止穿裙子、短裤和凉鞋操作机床。

9. 高速切削时为什么必须戴护目镜?

答：高速切削时必须戴护目镜，以防止不可预见的切屑崩伤、烫伤眼睛。

10. 卡盘扳手不能随意放在卡盘上，为什么?

答：卡盘扳手不能随意放在卡盘上，用后应及时取下，以防止扳手甩出伤人。

任务 4　机床的润滑与保养

学习目标

掌握机床润滑点以及频繁使用并呈开式滑动部位的调整、润滑和保养知识

知识点

① 润滑的概念

② 润滑的作用

技能点

①能够对车床各部位润滑点进行润滑

②能够对卡盘、床鞍、中滑板、小滑板、刀架、尾座等进行例行润滑与保养

一、明确任务

对车床进行例行润滑与保养，是根据生产质量的要求进行的，以使机床保持设备完好率。生产过程中必须进行保养，只有学会保养，才能充分地发挥机床的潜能。

二、实施任务

车床必须经常进行润滑与保养，车床上常用的润滑方式有浇油润滑、油绳润滑、直通式

压注油杯润滑、旋盖式油杯润滑、溅油润滑（齿轮箱内的零件利用齿轮的转动把润滑油飞溅到各处进行润滑）和油泵循环润滑等。

为保证车床的正常运转及减小摩擦，必须对车床上需要减小摩擦力的部分进行充分润滑。操作者应了解所使用车床各个润滑点的分布情况和所用润滑剂的牌号、润滑周期以及润滑方式等。

三、知识链接

1. CA—A 系列车床润滑点

CA6140 型车床润滑点的分布如图 1—33 所示。图中交换齿轮架 1 号点（交换齿轮架介轮轴）用 2 号钙基润滑脂润滑，其余 2 ~ 17 点都用牌号为 L—AN46 的全损耗系统用油润滑。

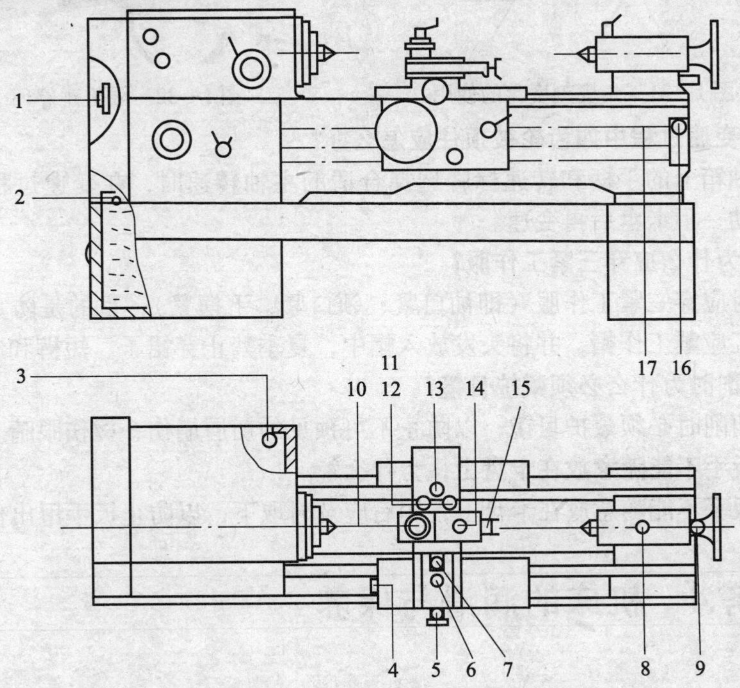

图 1—33　CA6140 型车床润滑点的分布

1—介轮轴　2—床腿内油箱　3—电气箱内转动轴　4—溜板箱箱体油箱　5，6—中滑板轴　7—床鞍导轨
8—尾座套筒　9—尾座手轮轴　10—刀架　11，12—中滑板导轨　13—中滑板丝杆
14—小滑板丝杆　15—小滑板手轮轴　16—三杠托架　17—三杠

2. 床鞍导轨的润滑及其他点的润滑方法

（1）在对床鞍导轨 7 号点进行润滑时，应将中滑板摇至一侧，露出床鞍内的油盒 1（见图 1—34）。打开盖 2，向盒内倒油，倒满后盖好盖 2，油会流向前、后导轨。

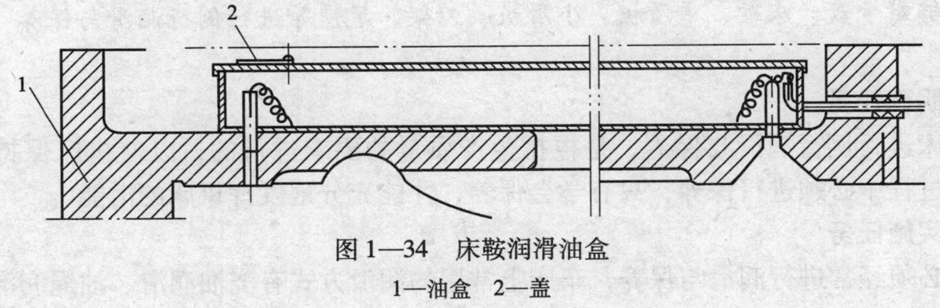

图 1—34　床鞍润滑油盒

1—油盒　2—盖

（2）在交换齿轮架介轮轴 1 号点润滑时，是将端头螺塞拧下，塞满 2 号钙基润滑脂后再拧上螺塞，每班将螺塞旋入一次，供给介轮润滑脂。

（3）其他点采用油枪加油润滑。

3. CA6140 型车床液压系统的润滑

CA6140 型车床液压系统如图 1—35 所示。

此处需了解液压泵及液压系统管路、油箱等，注意交换齿轮架介轮轴的润滑。

机床主轴箱及进给箱的润滑用油泵进行润滑。由主电动机带动油泵运转，将油抽上来后，一路经过主轴箱的滤油器送入主轴箱进行喷溅润滑；另一路进入进给箱对齿轮进行油绳或油孔滴油润滑。进入箱体的油量需观察主轴箱的油窗及油箱的油窗进行判断，当不上油时，要及时在注油口补充润滑油。

图 1—35　CA6140 型车床液压系统

1—交换齿轮箱　2—2 号钙基润滑脂螺塞　3—交换齿轮架　4—油箱　5—注油口　6—液压润滑叶片泵

四、训练课题

（一）填空题

1. CA6140 型车床主轴箱内的润滑是________________润滑。
2. CA6136 型车床主轴箱内的润滑是________________润滑。
3. CA6140 型车床共有________________处润滑点。

（二）选择题

1. 尾座快速紧固手柄用在（　　）场合。

　A. 经常移动尾座的　　　B. 很少移动尾座的

　C. 支撑力较大的　　　　D. 支撑力较小的

2. 交换齿轮架的油杯（　　）天灌油一次。

　A. 1　　B. 2　　C. 3　　D. 5

（三）问答题

1. 交换齿轮架介轮轴怎样用 2 号钙基润滑脂润滑？
2. 车床启动后应如何检查油量？
3. 车床保养的主要内容是什么？

五、训练指导

（一）填空题

1. 油泵循环润滑　2. 溅油　3. 17

（二）选择题

1. A　　2. D

（三）问答题

1. 交换齿轮架介轮轴怎样用 2 号钙基润滑脂润滑？

答：首先将交换齿轮架的油杯注满 2 号钙基润滑脂，每天将螺塞旋进一些，使一部分润

滑脂进入油槽，五天旋尽。

2．车床启动后应如何检查油量?

答：车床启动后应检查油窗内的油管是否出油，如无油喷出，应立即停车检查油量、油路等，并排除故障。

3．车床保养的主要内容是什么?

答：车床保养的主要内容是清洗、润滑和进行必要的调整，包括调整离合器、制动器及各部件的间隙。

模块二　常用量具的识读与测量方法

任务1　游标卡尺

学习目标

掌握量具的识读、使用及保养方法

知识点

游标卡尺的结构、刻线原理及测量方法

技能点

能够使用游标卡尺对轴、孔类零件进行测量

一、明确任务

在车削加工中，需要使用一些通用的量具对工件进行测量，必须会识读和使用这些量具，以便在机械加工的生产中保证工件质量。

二、实施任务

1．游标卡尺的结构

常用的游标卡尺有两用游标卡尺和双面游标卡尺，其结构如图1—36所示。

（1）两用游标卡尺

两用游标卡尺的结构如图1—36a所示，它由尺身3和游标5组成，紧固螺钉4用于旋松或拧紧游标。下量爪1用来测量工件的外径和长度，上量爪2可以测量孔径和槽宽，深度尺6用来测量孔的深度和台阶长度。

（2）双面游标卡尺

双面游标卡尺的结构如图1—36b所示，在游标5上增加了微调装置8。拧紧固定微调装置的紧固螺钉7，松开紧固螺钉4，用手指转动滚花螺母9，通过小螺杆10即可微调游标。上量爪2用来测量沟槽宽度或孔距，下量爪1用来测量工件的外径和孔径。当用下量爪1测量孔径时，游标卡尺的读数值必须加上下量爪的厚度 b（一般为10 mm）。

④刀尖圆弧半径。当刀尖圆弧半径 r_ε 由 0.25 mm 增大到 1 mm 时，F_p 力可增大 20% 左右，较易引起振动。

2）切削用量方面

①背吃刀量和进给量。在一般车削时，当进给量 f 不变，背吃刀量 a_p 增大一倍时，主切削力 F_c 也成倍增大；而当 a_p 不变，f 增大一倍时，F_c 增大 70% ~80%。

②切削速度。低速和高速切削塑性金属时，切削力一般是随着切削速度的提高而减小的。这是因为切削速度提高，使切削温度升高，摩擦因数减小，变形减少的缘故。在容易生成积屑瘤的中速（15 ~30 m/min）范围内，因产生积屑瘤使刀具实际前角增大，切削力减小。

切削脆性金属时，因为变形和摩擦均较小，所以切削速度改变时切削力变化不大。

3. 刀具的磨损与刀具寿命

若刀具严重磨损，不但影响工件的加工精度和表面质量，而且造成重磨困难，增加刀具材料消耗量，缩短刀具使用时间。所以刀具磨损对产品的质量（如尺寸精度、形状和位置精度、表面粗糙度），生产效率以及加工成本都有直接影响。

由于工件材料不同，切削用量不一样，刀具磨损的形式也不一样，刀具正常磨损的形式如图 1—64 所示。

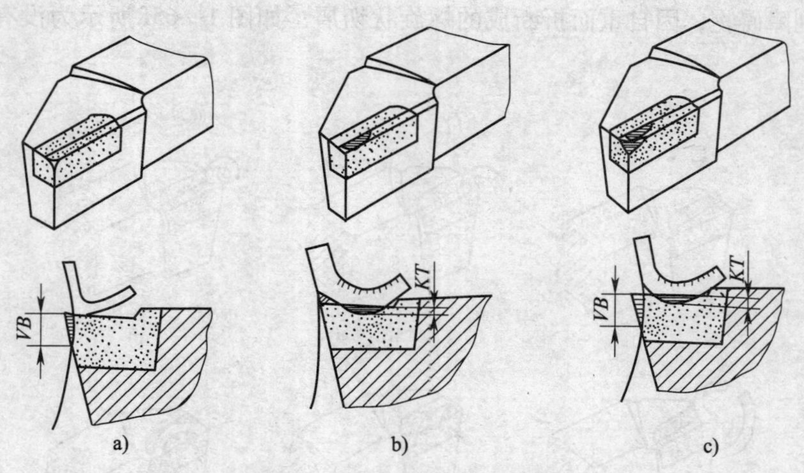

图 1—64　刀具磨损的形式

a）后面磨损　b）前面磨损　c）前、后面同时磨损

（1）后面磨损

后面磨损是指磨损部位主要发生在刀具的后面上。磨损后形成 $\alpha_o \leqslant 0°$ 的棱面，它的高度 VB 表示磨损量（见图 1—64）。这种磨损一般是在切削脆性金属或以较低的切削速度和较小的切削厚度（a_c <0.1 mm）切削塑性金属时发生的。这时前面上的摩擦较小，温度较低，所以后面上的磨损较大。

（2）前面磨损

前面磨损是指磨损部位主要发生在前面上。一般采用较高的切削速度和较大的切削厚度（a_c >0.5 mm）切削塑性金属时，切屑从前面上流出，由于摩擦、高温和高压作用，使前面上近切削刃处磨出月牙洼（见图 1—64b）。前面的磨损量用月牙洼深度 KT 表示。在磨损过程中，月牙洼逐渐加深、变宽，并向刃口方向扩展，甚至导致崩刃。

（3）前、后面同时磨损

前、后面同时磨损是指切削后刀具上同时出现前面和后面磨损（见图 1—64c）。这是在采用中等切削速度和中等进给量切削塑性金属时较常出现的磨损形式。

刀具由刃磨后开始切削一直到磨损量达到磨损限度为止的总切削时间称为刀具寿命，也即刀具两次重磨之间纯切削时间的总和，以符号“T”表示。如磨损限度相同，刀具寿命越长，表示刀具的磨损越慢。

4. 切屑的形状及控制

（1）切屑的形状

切削塑性金属时，被切削层金属经受了较大的塑性变形，成为切屑。切屑流动和卷曲过程中碰到障碍物再经受附加变形。若弯曲变形的程度剧烈到足以使切屑断裂时，切屑便会在断屑槽内折断而形成长度很短的切屑（见图 1—65a）。当断屑槽使切屑产生的附加变形未达到断裂程度时，切屑改变方向后继续运动。在运动过程中，如果碰到障碍物（工件或刀具后面），则会因进一步受到一个较大的弯矩而折断。如图 1—65b 所示为切屑与工件相碰时形成的“C”形切屑；如图 1—65c 所示为切屑与工件相碰时形成的盘形螺旋屑；如图 1—65d 所示为切屑与刀具后面相碰而折断成的“C”形或“6”形切屑；如图 1—65e 所示为切屑在运动中没碰到障碍物，因自重而折断成的螺旋状切屑；如图 1—65f 所示为没有折断的带状切屑。

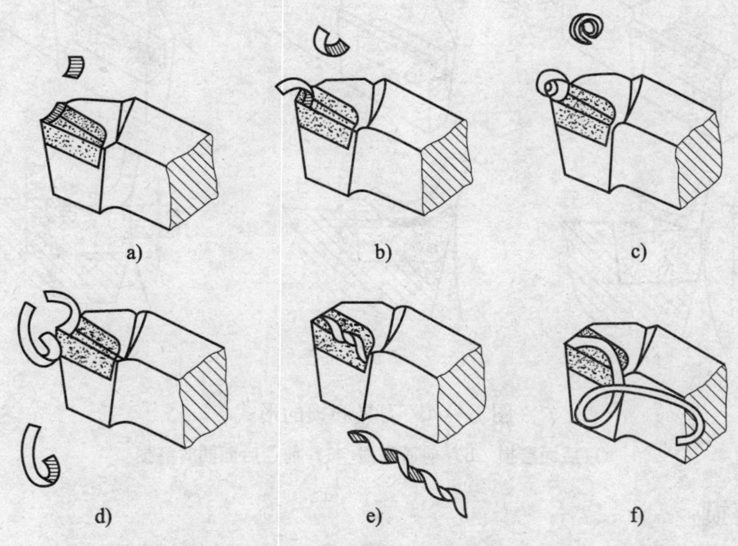

图 1—65　切屑的形状

a）崩碎切屑　b）“C”形切屑　c）盘形螺旋屑

d）“C”形或“6”形切屑　e）螺旋状切屑　f）带状切屑

在一般车床上加工塑性金属时，较理想的屑形是长度在 100 mm 以下的螺旋状切屑和与车刀后面相碰后定向落下的“C”形或“6”形切屑。这样断屑稳定、可靠，切屑流向向下，不易与高速旋转的工件相碰，不会产生切屑飞溅的现象，且清理方便。

在断屑槽内折断的碎屑或碰到工件后折断的切屑，虽然其体积小，清理方便，但易产生飞溅。

盘形螺旋屑虽然体积小，但由于塞满在断屑槽内，排屑困难，产生的切削力大，易把切

削刃挤坏，所以并不理想。

（2）切屑的控制

车削塑性金属时，根据加工要求来可靠地控制切屑的流向、卷曲和折断，是一个十分重要的问题，处理不当就会影响生产的顺利进行。若经常停车清除切屑，会增加辅助时间，使切屑拉毛工件表面，以及影响操作者的安全等。对于自动机床或数控机床，加工中不断屑甚至会影响正常生产。

（3）影响断屑的主要因素

1）断屑槽的宽度。断屑槽的宽度 L_{Bn} 对断屑的影响很大。一般来说，宽度 L_{Bn} 减小，能使切屑卷曲半径 r_{ch} 减小，增大卷曲变形和弯曲应力 σ，容易断屑。

但断屑槽的宽度 L_{Bn} 必须与进给量 f 和背吃刀量 a_p 联系起来考虑。例如，进给量小，断屑槽应窄些，背吃刀量小，断屑槽也应窄些；否则切屑不易在槽中卷曲，往往不流经槽底而形成不断的带状切屑。

2）切削用量。生产实践和试验证明：切削用量中对断屑影响最大的是进给量，其次是背吃刀量和切削速度。

①进给量。进给量 f 加大，切削厚度 a_c 成比例增大，使切屑卷曲半径 r_{ch} 减小，弯曲应力 σ 增大，切屑易折断。

②背吃刀量。在多数情况下，车刀除主切削刃外，过渡刃和副切削刃也参加切削，因此，促使切屑近似地朝各切削刃流屑的合成方向流出。此时，切屑的流出方向与主正交平面形成一个出屑角 η，如图 1—66 所示。

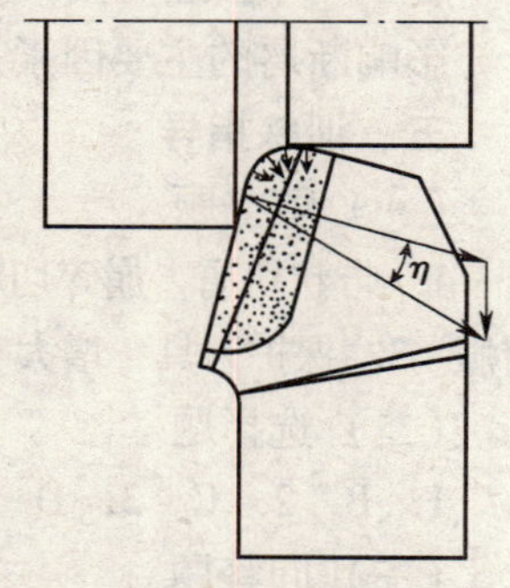

图 1—66 出屑角

背吃刀量 a_p 减小，过渡刃和副切削刃参加切削的比例增大，使出屑角 η 增大。出屑角 η 的大小对切屑的卷曲和折断后的屑形有很大影响。例如，η 很小时，易产生盘形螺旋屑；η 较大时，易产生管状螺旋屑或连续带状屑；η 适中时，切屑碰到刀具后面或工件而折断。

③切削速度。切削速度 v_c 提高后，切削温度升高，在一般情况下，切屑的塑性增大，变形减小，不易折断。

3）刀具角度。刀具角度中以主偏角 κ_r 和刃倾角 λ_s 对断屑的影响最明显。

①主偏角。在背吃刀量和进给量已选定的条件下，主偏角 κ_r 越大，使切削厚度 a_c 越大，故切屑卷曲时的弯曲应力 σ 越大，越易断屑。生产中 $\kappa_r=75°\sim90°$ 的车刀断屑性能较好。

②刃倾角。刃倾角通过控制切屑流向来影响断屑。当刃倾角 λ_s 为正值时，切屑流向待加工表面或与刀具后面相碰而形成“C”形屑，亦可能形成螺旋屑而被甩断；当刃倾角 λ_s 为负值时，切屑流向已加工表面或过渡表面，容易碰断成“C”形或“6”形屑。

四、训练课题

（一）填空题

1. 切屑的类型包括________________、________________、________________、________________、________________、________________。

2. 用中等切削速度切削钢料或其他塑性金属，有时在车刀前面上近切削刃处牢固地粘着一小块金属，这就是________________。

3. 积屑瘤的优缺点是________________、________________、________________。

（二）选择题

1. 前角增大，切削变形（　　），切削力显著下降。

A. 大　　B. 小　　C. 中等　　D. 不变

2. 在一般车削时，当（　　）不变，a_p 增大一倍时，主切削力 F_c 也成倍增大；而当 a_p 不变，f 增大一倍时，F_c 增大 70% ~80%。

A. F_p　　B. F_c　　C. f　　D. a_p

3. 低速和高速切削塑性金属时，切削力一般是随着（　　）的提高而减小的。

A. F_p　　B. f　　C. a_p　　D. v

4. 刀具后面磨损是指磨损部位主要发生在（　　）。

A. 前面上　　B. 前、后面上同时磨损

C. 后面上　　D. 侧面上

5.（　　）断屑时稳定、可靠，切屑流向向下，不易与高速旋转的工件相碰。

A. "C"形或"6"形屑　　B. 盘形螺旋屑

C. 带状切屑　　D. 长条状切屑

6. 影响断屑的最主要因素是（　　）。

A. 背吃刀量 a_p　　B. 断屑槽的宽度　　C. 进给量 f　　D. 切削速度 v_c

（三）问答题

影响断屑的主要因素是什么？

五、训练指导

（一）填空题

1. 带状切屑　崩碎切屑　"C"形切屑　"6"形切屑　盘形螺旋屑　螺旋状切屑　2. 积屑瘤　3. 保护刀具　增大实际前角　影响工件表面质量和尺寸精度

（二）选择题

1. B　2. C　3. D　4. C　5. A　6. B

（三）问答题

影响断屑的主要因素是什么？

答：影响断屑的主要因素包括断屑槽的宽度、切削用量和刀具角度。

任务 2　切削用量三要素

学习目标

掌握机床操作技术，掌握切削用量三要素

知识点

机床切削用量的基本知识

技能点

能够操纵机床的各部位手轮及手柄，变换主轴转速、螺距及进给量

一、明确任务

切削用量三要素是机械加工中最先出现、最基本和最重要的工艺理论，掌握它对于灵活操纵机床是十分必要的。

二、实施任务

切削用量是衡量切削运动大小的参数。切削用量包括切削速度 v_c、进给量 f、背吃刀量 a_p，这三者称为切削用量三要素。

1. 切削速度 v_c

车刀和工件的运动如图 1—67 所示。图中的切削速度 v_c 是指在车刀切削刃选定点上相对于工件主运动方向的瞬时速度，它是衡量主运动大小的参数，单位为 m/min。

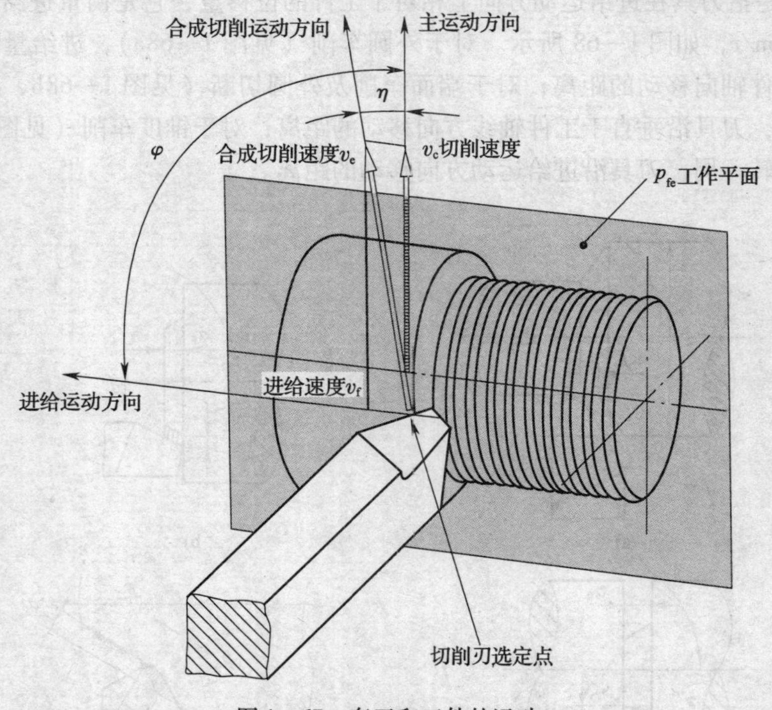

图 1—67　车刀和工件的运动

图 1—67 中，切削速度 v_c 是在工作平面内计算的。该工作平面包含主运动方向和进给运动方向，并垂直于工作基面。

车削外圆时，切削速度 v_c 可看成是刀尖在每分钟内围绕工件运动，在工件外圆上所刻的线长，因此也称为线速度，用下式进行计算：

$$v_c = \frac{\pi dn}{1\ 000} \text{ m/min}$$

式中　d——工件直径，mm；

　　　n——主轴转速，r/min。

例 1—1　试计算工件直径为 20 mm 处的切削速度 v_c，已选择 $n = 900$ r/min。

解：

$$v_c = \frac{\pi dn}{1\ 000} = \frac{3.14 \times 20 \times 900}{1\ 000} = 56.52 \text{ m/min}$$

在实际生产中，往往是已知工件直径，然后根据工件材料、刀具材料和加工要求等因素

再选定切削速度，最后根据切削速度算出主轴转速。

即
$$n=\frac{1\,000v_c}{\pi d} \quad 或 \quad n\approx\frac{318v_c}{d}$$

例1—2 计算精车 ϕ 20 mm 的外圆时的主轴转速，选择切削速度 $v_c \geqslant 75$ m/min。

解：以直径 $d=20$ mm 代入公式后可得：

$$n=\frac{1\,000v_c}{\pi d}=\frac{1\,000\times75}{3.14\times20}\approx1\,194 \text{ r/min}$$

将计算所得的转速与车床铭牌相对照，选取与之相近的转速 1 120 r/min。

2. 进给量 f

进给量 f 是指刀具在进给运动方向上相对于工件的位移量，它是衡量进给运动大小的参数，单位为 mm/r，如图 1—68 所示。对于外圆车削（见图 1—68a），进给量指工件每转一周，刀具沿工件轴向移动的距离；对于端面车削及外圆切断（见图 1—68b，c），进给量指工件每转一周，刀具沿垂直于工件轴线方向移动的距离；对于锥度车削（见图 1—68d），进给量指工件每转一周，刀具沿进给运动方向移动的距离。

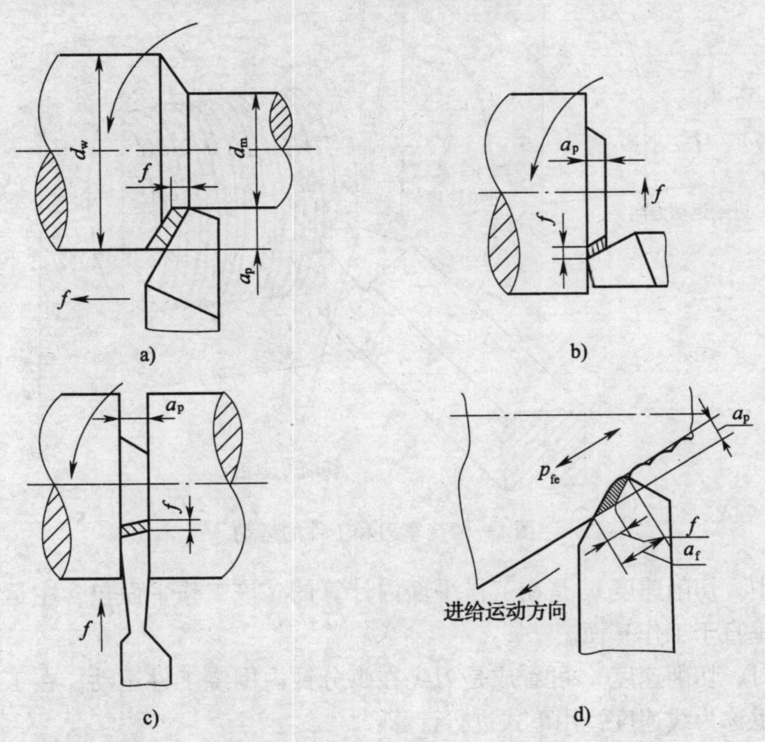

图 1—68 进给量和背吃刀量

a）车外圆 b）车端面 c）切断 d）车锥度

3. 背吃刀量 a_p

背吃刀量 a_p 是指在通过切削刃基点并垂直于工作平面的方向上测量的吃刀量。

在车削外圆及端面时，背吃刀量 a_p 等于工件上待加工表面与已加工表面间的垂直距离，如图 1—68a，b 所示；切断、车槽时的背吃刀量等于车刀主切削刃的宽度，如图 1—68c 所示；车削锥体时，背吃刀量在锥体表面上测量时，等于待加工表面与已加工表面间的垂直距

二、实施任务

1. 尺寸精度

(1) 标注公差

在标注公差 IT01 ~ IT11 级共 13 级当中，根据车床所能达到的工件尺寸精度要求，车工车削部位的工件尺寸精度一般选择 IT06 ~ IT10 级。

(2) 未注公差

国家标准《一般公差　未注公差的线性和角度尺寸的公差》(GB/T 1804—2000) 中规定了新的未注公差等级的极限偏差数值，用以限制不重要尺寸的精度，其中线性尺寸的极限偏差数值见表 1—10，倒圆半径和倒角高度尺寸的极限偏差数值见表 1—11，角度尺寸的极限偏差数值见表 1—12。

表 1—10　线性尺寸的极限偏差数值　mm

公差等级	基本尺寸分段			
	0.5 ~ 3	>3 ~ 6	>6 ~ 30	>30 ~ 120
精密 f	±0.05	±0.05	±0.1	±0.15
中等 m	±0.1	±0.1	±0.2	±0.3
粗糙 c	±0.2	±0.3	±0.5	±0.8
最粗 v	—	±0.5	±1	±1.5
公差等级	基本尺寸分段			
	>120 ~ 400	>400 ~ 1 000	>1 000 ~ 2 000	>2 000 ~ 4 000
精密 f	±0.2	±0.3	±0.5	—
中等 m	±0.5	±0.8	±1.2	±2
粗糙 c	±1.2	±2	±3	±4
最粗 v	±2.5	±4	±6	±8

表 1—11　倒圆半径和倒角高度尺寸的极限偏差数值　mm

公差等级	基本尺寸分段			
	0.5 ~ 3	>3 ~ 6	>6 ~ 30	>30
精密 f	±0.2	±0.5	±1	±2
中等 m				
粗糙 c	±0.4	±1	±2	±4
最粗 v				

表 1—12　角度尺寸的极限偏差数值　mm

公差等级	长　度				
	~10	>10 ~ 50	>50 ~ 120	>120 ~ 400	>400
精密 f	±1°	±30′	±20′	±10′	±5′
中等 m					
粗糙 c	±1°30′	±1°	±30′	±15′	±10′
最粗 v	±3°	±2°	±1°	±30′	±20′

2. 形状和位置精度

在车床上加工工件的过程中要经常检查工件的圆度、圆柱度误差；检查直线度误差以及工件不同部位的同轴度、平行度误差，在工件转动中还要测量端面和外圆的跳动量。在轴、套类工件的加工中，径向圆跳动误差可综合控制圆度和同轴度误差。

3. 表面粗糙度*

表面粗糙度一般用轮廓算术平均偏差 R_a 值表示，单位为微米（μm），例如，R_a1.6 表示表面粗糙度值为 1.6 μm。在零件图样中出现的 R_a0.8，R_a1.6，R_a3.2，R_a6.3 和 R_a12.5 μm 等表面粗糙度值都是在车削加工中常见的并可以保证的。

三、知识链接

1. 独立原则

独立原则是指图样上给定的每一个尺寸和形位公差均是独立的（互不干涉），应分别满足要求。一般图样上的标注都是独立的，不附加任何标记。

2. 安全裕度和验收极限

安全裕度即测量误差安全区。验收极限分为上验收极限和下验收极限，即公差从两侧向中间可以各收缩一个安全区，目的是防止由于量具的测量误差而造成误收废品。

四、训练课题

查表确定以下各项数值：

1. 线性尺寸的极限偏差数值。
2. 倒圆半径和倒角高度尺寸的极限偏差数值。
3. 角度尺寸的极限偏差数值。
4. 表面粗糙度 R_a 的数值。

五、训练指导

1. 一般公差——未注公差等级的使用说明

在许多图样上可以看到一些直径尺寸、长度尺寸、倒角尺寸及角度尺寸等的公差都是未标注状态，那么加工时应遵守未注公差的要求。这里 GB/T 1804—f，m，c，v 均采用“±”号，例如，ϕ28 mm 可按 GB/T 1804—c 加工成 ϕ(28 ± 0.5) mm，长度 50 mm 可加工成 (50 ± 0.8) mm。如果轴和孔有装配要求时，采用未注公差可能会将孔车小，将轴车大，导致孔和轴装配不上，此时，为了装配精度必须按配合性质标注公差。

一般公差主要用于精度较低的非配合尺寸，但当功能要求采用较大公差时，如螺纹孔的钻削深度可钻深一些，以便于攻螺纹，这时可不采用一般公差而采用标准公差。例如，钻 25 mm 深的螺纹孔，未注公差 v 级（最粗）为 ± 1 mm，但按标准公差 IT18 级其深度可达 25.3 ~ 28.6 mm，这时公差较大，可按此公差标注为 $25^{+3.6}_{+0.3}$ mm，这样既不影响加工又有利于攻螺纹，经济性能更好。这里 IT12 ~ IT18 级都可不按未注公差，而按标准公差标出，只有未标注的按 f，m，c 和 v 处理。初级车工加工未注线性公差的尺寸时一般取 GB/T 1804—c 级，而中级车工加工精度较高时取 GB/T 1804—m 级。

---

* 有关表面粗糙度等表面结构的国家新标准 GB/T 131—2006 已经出台，但考虑到目前企业实际情况，本书将采用旧国标中表面粗糙度的标注方法。教学中应在学习机械识图与公差配合时补充该内容。相关知识参见《机械识图与公差配合》教材。

2. 形位公差的识读

识读如图 1—72 所示的台阶轴套的形位公差时，$\phi12^{-0.15}_{-0.26}$ mm 和 $\phi18^{-0.05}_{-0.10}$ mm 的外圆及 90°锥面对 $\phi5^{+0.05}_{-0.03}$ mm 孔的轴线的同轴度要求分别为 $\phi0.08$ mm，$\phi0.08$ mm 及 $\phi0.012$ mm，这时可用内孔为基准，用百分表在转动工件的过程中测量外圆及锥面的跳动值，从而判断同轴度误差。

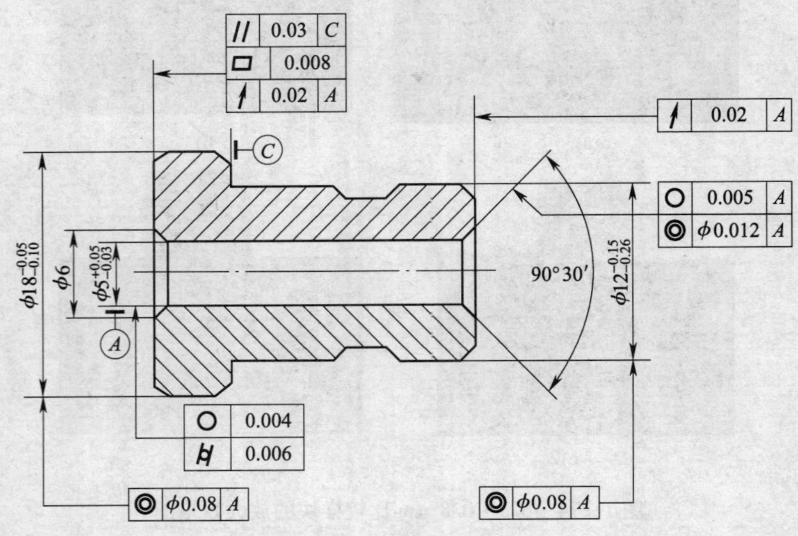

图 1—72　形位公差的识读

3. 表面粗糙度

常用的表面粗糙度的测量方法有目测法和触觉法两种。目测法和触觉法都依据表面粗糙度比较样块（见图 1—73）做出判断。

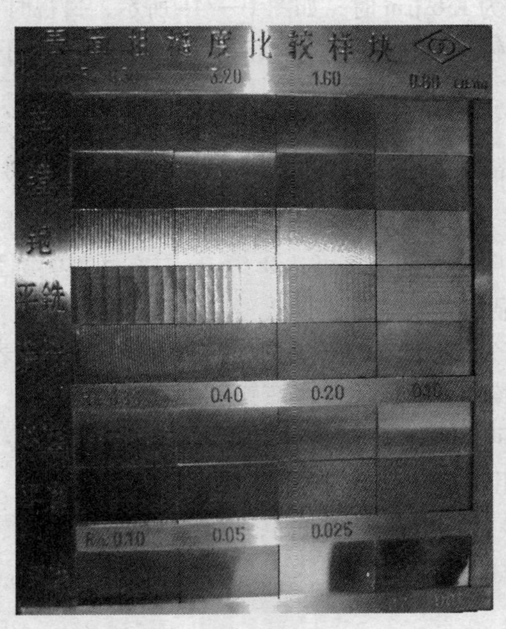

图 1—73　表面粗糙度比较样块

车工常用的表面粗糙度比较样块的 R_a 值一般为 12.5 ~ 0.8 μm，如图 1—74 所示为 6.3 ~ 0.8 μm 比较样块的放大效果图。

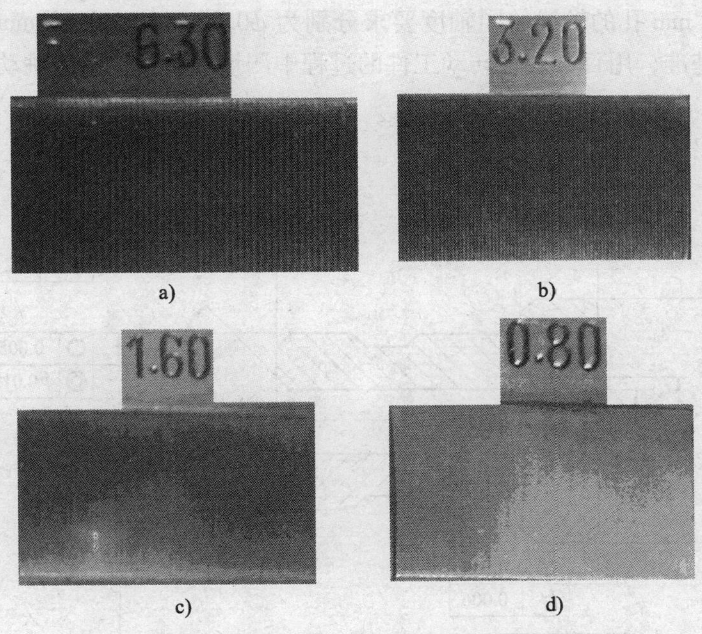

a)　b)　c)　d)

图 1—74　6.3 ~ 0.8 μm 比较样块的放大效果图

（1）在实际生产中，用目测法及触觉法比较表面粗糙度时，可参考以下经验：

1）表面粗糙度 R_a 值为 0.8 μm 时，如图 1—74d 所示，目视时刀纹忽隐忽现，刀纹轻而乱，用手摸表面时较光滑，用手指甲滑过时，基本无摩擦感，有一定的反光照人或照物的效果。

2）表面粗糙度 R_a 值为 1.6 μm 时，如图 1—74c 所示，目视时有细微刀纹，已能看清刀纹凸起的规律性，视觉上较光滑，用手摸表面时有细微摩擦感，用手指甲滑过时，也有细微摩擦感。

3）表面粗糙度 R_a 值为 3.2 μm 时，如图 1—74b 所示，目视时有明显细微刀纹，视觉上显得较光滑，用手摸表面时有细微摩擦感。

4）表面粗糙度 R_a 值为 6.3 μm 时，如图 1—74a 所示，目视时有明显刀纹，视觉上刀纹显得较清楚，表面凸起纹路之间的距离可达 0.5 mm 左右（刀尖圆弧起作用，背吃刀量并不大），用手摸表面时有明显细微摩擦感。

5）表面粗糙度 R_a 值为 12.5 μm 时，目视时刀纹明显凸起，表面凸起纹路之间的距离可达 0.9 mm 左右，用手摸表面时有明显摩擦感。

表面粗糙度值的大小可根据行业标准和使用性质来进行选择，目前，一般用标准样块进行对比，并且知道表面粗糙度 R_a 值所对应的加工性质，例如，R_a2.5 ~ 1.25 μm（可取 R_a1.6 μm）等于 IT8 ~ IT9 级精度的零件表面，适合一般较光滑的零件表面；而 R_a0.8 μm 适合 IT6 ~ IT8 级精度的零件配合表面。

（2）注意事项

1）所用的比较样块须与被测件具有同样的形状，且进行比较的表面采用同样的加工方

法获得。

2）为提高比较精度，可视需要采用放大镜或比较显微镜。

3）用触觉法比较表面粗糙度值时，要求温度基本相同。

（3）影响工件表面粗糙度的因素

1）残留面积。工件上的已加工表面是由刀具主切削刃和副切削刃切削后形成的。两条切削刃在已加工表面上留下的痕迹如图 1—75a 所示。这些在已加工表面上未被切去部分的截面积称为残留面积，如图 1—75 所示。残留面积越大，高度越高，则表面粗糙度值越大。

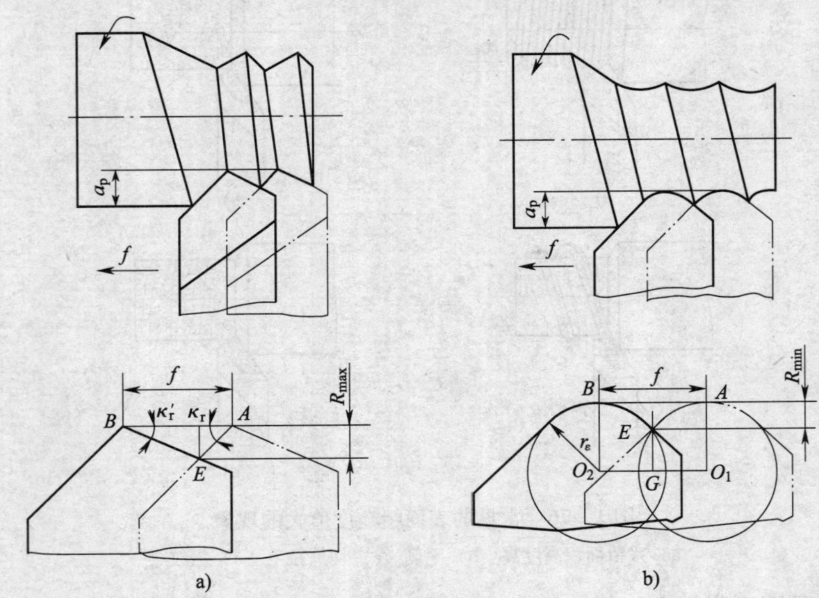

图 1—75　残留面积

从图 1—75 中可以看出，进给量 f、刀具主偏角 κ_r、副偏角 κ_r' 和刀尖圆弧半径 r_ε（见图 1—75b）都影响残留面积的高度 R_{max}。

此外，切削刃的表面粗糙度值大也会反映在工件已加工表面上。而且在切削时切削刃还会将残留面积挤歪。因此，实际的残留面积高度比理论值大些。

2）积屑瘤。用中等切削速度切削塑性金属产生积屑瘤后，因积屑瘤既不规则又不稳定，一方面，其不规则部分代替切削刃切削，留下深浅不一的痕迹；另一方面，一部分脱落的积屑瘤嵌入已加工表面，使之形成硬点和毛刺，表面粗糙度值变大。

3）振动。刀具、工件或机床部件产生周期性的振动会使已加工表面出现周期性的振纹，使表面粗糙度值明显变大。

（4）减小工件表面粗糙度值的方法

下面介绍几种常见的表面粗糙度值大的现象（见图 1—76）和相应的解决方法。

1）残留面积高度高（见图 1—76a）。车削时，如果工件表面残留面积轮廓清楚，这说明其他切削条件正常，若要减小表面粗糙度值，可从以下几方面入手：

① 减小主偏角和副偏角。一般减小副偏角对减小表面粗糙度值效果较明显。减小主偏角使背向力 F_p 增大，若工艺系统刚度低，会引起振动。

② 增大刀尖圆弧半径。如果机床刚度不足，刀尖圆弧半径 r_ε 过大会使背向力 F_p 增大，

从而产生振动，反而使表面粗糙度值变大。

③ 减小进给量。

2）工件表面产生毛刺（见图 1—76b）。工件表面上产生毛刺一般是因为积屑瘤而引起的。这时可用改变切削速度的方法来抑制积屑瘤的产生。如果用高速钢车刀时应降低切削速度（<5 m/min），并加注切削液；用硬质合金车刀时应提高切削速度（避开最易产生积屑瘤的中速范围 15～30 m/min）。

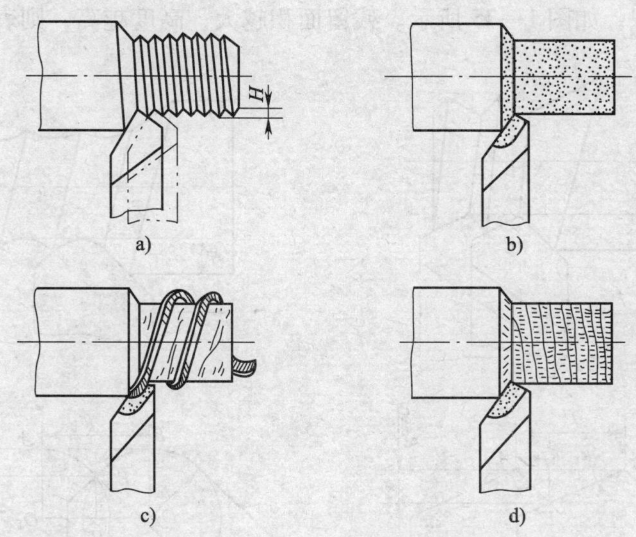

图 1—76　常见的表面粗糙度值大的现象

a）残留面积高度高　b）毛刺　c）切屑拉毛　d）振纹

另外，刀具严重磨损和切削刃表面粗糙度值大都会使工件表面产生毛刺。因此，应尽量减小刀具前面和后面的表面粗糙度值，经常保持刀具锋利。

3）磨损亮斑。工件表面产生亮斑或亮点，切削时又有噪声，说明刀具严重磨损，磨钝的切削刃将工件表面挤压出发亮的痕迹，使表面粗糙度值变大，这时应及时重磨或换刀。

4）切屑拉毛（见图 1—76c）。被切屑拉毛的工件表面一般出现无规则的很浅的划痕。这时应选用正值刃倾角车刀，使切屑流向工件待加工表面，并采取断屑措施。

5）振纹（见图 1—76d）。切削时产生的振动会使工件表面出现周期性的横向或纵向振纹。防止和消除振动可以从以下方面入手：

① 机床方面。调整主轴间隙，提高轴承精度；调整滑板镶条，使其间隙小于 0.04 mm，并使滑板移动平衡、轻便。

② 刀具方面。合理选择刀具几何参数，经常保持切削刃光洁和锋利。提高刀具的装夹刚度。

③ 工件方面。提高工件的装夹刚度，例如，装夹时不宜悬伸太长，车细长轴时应采用中心架或跟刀架支撑。

④ 切削用量方面。选用较小的背吃刀量和进给量，改变或降低切削速度。

思考题

1. 试述 CA6136 型车床与 CA6140 型车床的区别。

2. CA6140A 中前、后的字母 A 各代表什么含义？

3. 为什么叫三爪自定心卡盘？这种卡盘自动定心夹住工件后有跳动误差吗？

4. 车床主轴的低转速用于什么场合？

5. 应怎样操作才能将车床安全地停稳？

6. CA6140 型及 CA6136 型车床的润滑点有多少个？

7. 试说明对刀的作用。

8. 用千分尺测量时毛坯的余量为什么要小于 0.5 mm？

9. 机械夹固式车刀的优缺点各是什么？

10. 什么叫背吃刀量？

11. 用 K 类硬质合金刀片车削钢棒料对吗？为什么？

12. 车削工件时不磨车刀的前角可以吗？试述车刀前角的作用。

13. 积屑瘤的优缺点是什么？

14. 什么是最理想的切屑形状？

15. 试述切削速度 v_c 的作用。

16. 试述车刀角度与表面粗糙度值的关系。

第二单元　轴类工件加工

模块一　短光轴、3～4个台阶的轴类工件的加工

任务1　零件装夹的工艺性

学习目标

对短光轴、3～4个台阶的轴类工件进行正确装夹

知识点

①能够识读短光轴、3～4个台阶的轴类工件的零件图，识读图上各种符号所表达的含义及技术要求

②工序余量的相关标注知识

③工件定位的基本原理及定位方法

技能点

能够对工件进行装夹

一、明确任务

在装夹轴类工件前，必须具备定位基准知识。在生产中，一般采用一夹一顶和两顶尖装夹的方法。对于粗、长料（直径超出主轴孔径），可采用借助中心架钻中心孔、用钻床或手电钻钻中心孔等工艺措施。

二、实施任务

1. 一夹一顶装夹工件

用一夹一顶法装夹批量较大的轴类工件时，要确定各台阶长度尺寸，为了防止轴类工件在轴向切削力的作用下沿卡爪面向内窜动（$\overleftrightarrow{x}$），这时可采取在主轴孔中塞入一调整挡铁的方法（见图2—1）限制工件的轴向位移（$\overleftrightarrow{x}$），并调整卡爪夹持工件部位的长短；还可以穿过卡爪在卡盘平面放一个挡片（见图2—2），用其挡住工件，以保证工件台阶长短一致。

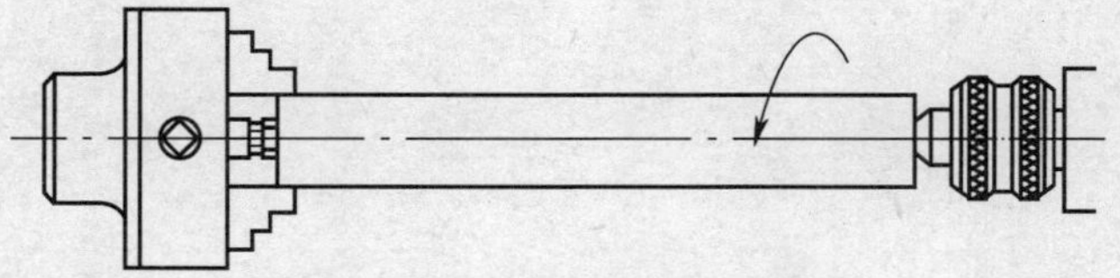

图2—1　在主轴孔中塞入调整挡铁限制工件的轴向位移

2. 在两顶尖间装夹工件

如图2—3所示为在两顶尖间装夹工件，此时需靠拨盘（或卡爪）拨动鸡心夹头带动工件旋转。在两顶尖间装夹工件主要用于车削较长的和工序较多的工件，经过多次装夹可用同一个定位基准，不需找正，装夹工件方便，精度高。

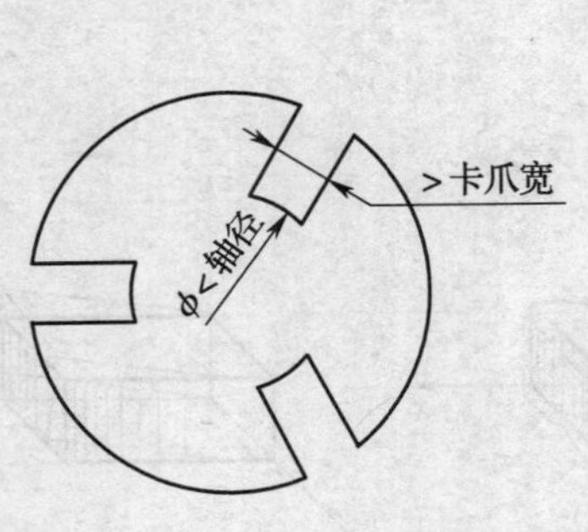

图2—2　挡片

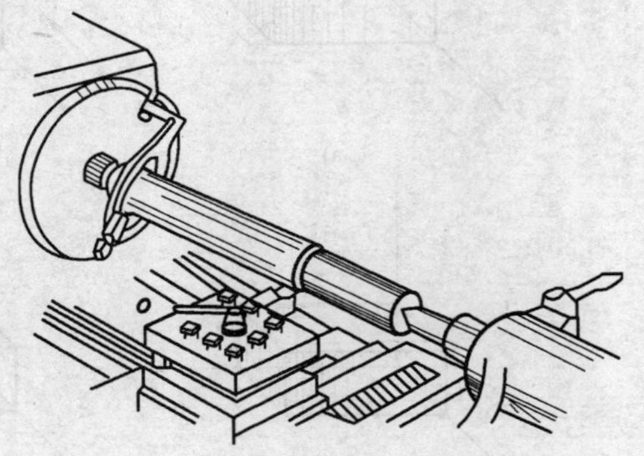

图2—3　在两顶尖间装夹工件

三、知识链接

1. 基准

（1）定位基准

定位基准为在加工中用做定位的基准。例如，在图样上加工各个部位所用的两端中心孔形成的轴线为工件的定位基准。

（2）测量基准

测量基准为测量时所采用的基准。例如，图样上的尺寸界线一般情况下都画在工件的一侧，这一侧端面就是测量基准。

2. 六点定位原理

在夹具中，用合理的六个支撑点限制工件的六个自由度，使工件在夹具中的位置完全确定，称为六点定位原理。

位于任意空间的刚体，它对于相互垂直的三个坐标轴共有六个自由度，如图2—4所示，它们分别如下：

沿 x 轴方向的移动，以 $\overrightarrow{x}$ 表示，如图2—4a所示；

绕 x 轴方向的转动，以 $\overset{\curvearrowright}{x}$ 表示，如图2—4d所示；

沿 y 轴方向的移动，以 $\overrightarrow{y}$ 表示，如图2—4b所示；

绕 y 轴方向的转动，以 $\overset{\curvearrowright}{y}$ 表示，如图2—4e所示；

沿 z 轴方向的移动，以 $\overrightarrow{z}$ 表示，如图2—4c所示；

绕 z 轴方向的转动，以 $\overset{\curvearrowright}{z}$ 表示，如图2—4f所示。

为使工件在空间位置上被定位，需限制工件六个自由度中的几个或全部，从而可得到四种不同的定位方式，如图2—5所示为六点定位原理的说明。

（1）完全定位

完全定位是指工件的六个自由度全部被限制，它在夹具中只有唯一的位置。如图2—5a所示，固定顶尖限制 $\overrightarrow{x}$，$\overrightarrow{y}$，$\overrightarrow{z}$ 三个自由度，活动顶尖限制 $\overset{\curvearrowright}{x}$ 和 $\overset{\curvearrowright}{z}$ 两个自由度，鸡心夹头

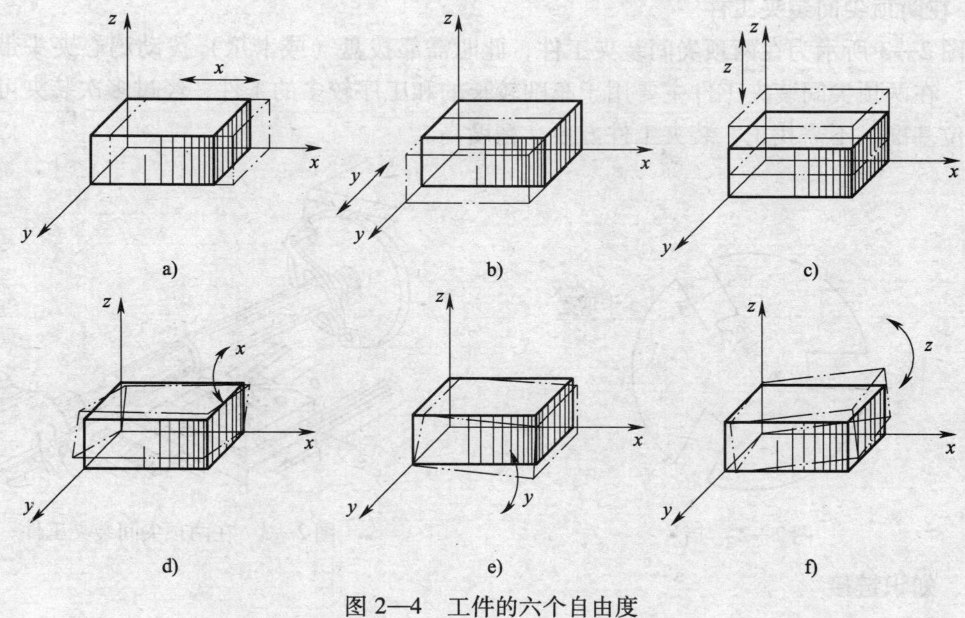

图 2—4　工件的六个自由度

限制$\overset{\curvearrowright}{x}$，工件的六个自由度全部被限制，属于完全定位，开车后可进行车削。如图 2—5h 所示，梅花顶尖限制$\overleftrightarrow{x}$，$\overleftrightarrow{y}$，$\overleftrightarrow{z}$，$\overset{\curvearrowright}{x}$四个自由度，活动顶尖限制$\overset{\curvearrowright}{y}$和$\overset{\curvearrowright}{z}$两个自由度，工件的六个自由度也全部被限制，属于完全定位，开车后可进行车削。

（2）部分定位

部分定位是指工件定位时，在满足加工要求的前提下，少于六个支撑点的定位。如图 2—5b 所示，卡盘夹持工件长度较长，相当于四个支撑点，限制$\overleftrightarrow{y}$，$\overset{\curvearrowright}{y}$，$\overleftrightarrow{z}$，$\overset{\curvearrowright}{z}$四个自由度，这时夹紧后可进行车削。如果轴向切削力很大，工件产生轴向位移$\overleftrightarrow{x}$，不能精确控制台阶长度。这时可在轴头车一细径挡头，用卡爪夹住细径处外圆，用卡爪平面挡住工件，即可限制$\overleftrightarrow{x}$，如图 2—5c 所示。

（3）重复定位

重复定位是指用几个定位支撑点重复限制同一个自由度。如图 2—5d 所示，卡盘夹持工件部位较长，已限制$\overleftrightarrow{y}$，$\overset{\curvearrowright}{y}$，$\overleftrightarrow{z}$，$\overset{\curvearrowright}{z}$四个自由度，后顶尖又限制了$\overset{\curvearrowright}{y}$和$\overset{\curvearrowright}{z}$两个自由度，其中$\overset{\curvearrowright}{y}$和$\overset{\curvearrowright}{z}$是重复定位。如果工件已有中心孔，当卡爪夹紧工件后，由于卡爪对主轴轴线的同轴度误差以及工件外圆对中心孔的同轴度误差，后顶尖往往顶不到工件中心孔处。如果强制顶住，工件产生跳动或变形。所以，此时卡爪夹持部分应短些，取消对$\overset{\curvearrowright}{y}$和$\overset{\curvearrowright}{z}$两个自由度的限制，避免方法是：将工件留一段轴头用于夹紧（不要太长），向后稍用力使轴端中心孔靠在后顶尖上，随后再夹紧短轴头，能使轴类工件自动校正。一般工件夹持部位的长短以可沿 y 轴和 z 轴自由旋转为原则，使中心孔与后顶尖对正（见图 2—5e），然后再进行车削。

（4）欠定位

欠定位是指定位点少于工件应该限制的自由度，使工件不能正确定位。如图 2—5f 所示，用卡盘夹紧较长的工件后，由于刀具切削力的推移以及工件刚度的不足，工件旋转时产

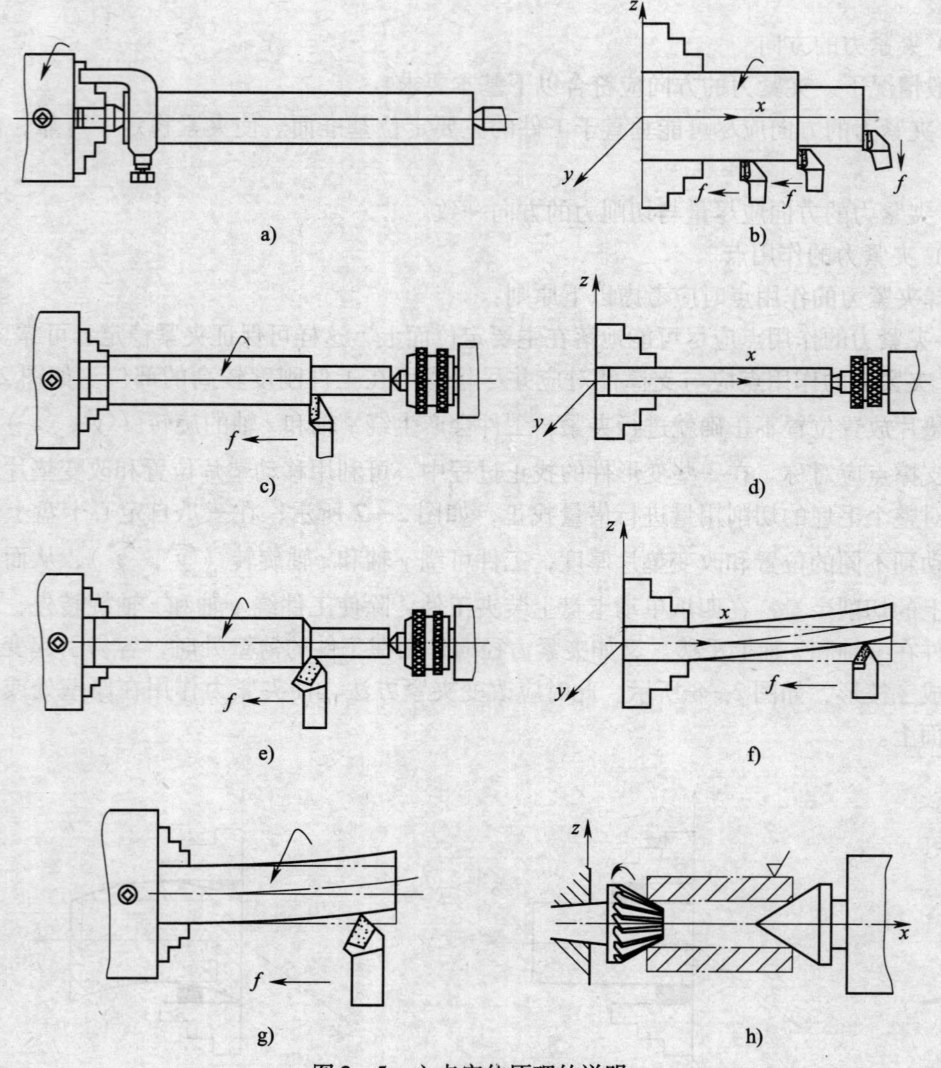

图 2—5　六点定位原理的说明

a)，h）六点完全定位　b）四点部分定位　c）五点部分定位　d）两点重复定位

e）四点部分定位　f）较长工件两点欠定位　g）工件夹得较短时的两点欠定位

生离心力，会使工件端头绕 y 轴和 z 轴自由旋转（$\overset{\frown}{y}$，$\overset{\frown}{z}$），使工件不被车削而被顶开和甩弯。如图 2—5g 所示的工件被夹持部分较短，只有 $\overset{\frown}{y}$ 和 $\overset{\frown}{z}$ 两个自由度受到限制，工件稍长一些时，切削时同样会使工件绕 y 轴和 z 轴自由旋转（$\overset{\frown}{y}$，$\overset{\frown}{z}$），将工件甩出去，发生事故。

四、训练课题

在卡盘上夹紧工件。

五、训练指导

1. 工件在卡盘上的夹紧

夹紧力的确定包括夹紧力的大小、方向和作用点三个要素。

(1) 夹紧力的大小

夹紧力必须保证工件在加工过程中位置不发生变化，但夹紧力也不能太大，太大会造成

工件变形。

(2) 夹紧力的方向

一般情况下，夹紧力的方向应符合以下基本要求：

1）夹紧力的方向应尽可能垂直于工件的主要定位基准面。使夹紧稳定、可靠，保证加工精度。

2）夹紧力的方向应尽量与切削力的方向一致。

(3) 夹紧力的作用点

选择夹紧力的作用点时应考虑以下原则：

1）夹紧力的作用点应尽可能地落在主要定位面上，这样可保证夹紧稳定、可靠。

2）夹紧力的作用点应与支撑件对应并尽量作用在工件刚度较高的部位。如图 2—6 所示，若垫片放置位置不正确就进行夹紧，工件会产生绕 y 轴和 z 轴的旋转（$\overset{\frown}{y}$，$\overset{\frown}{z}$），因此垫片的支撑点应对称。在一些变形件的找正过程中，可利用移动垫片位置和改变垫片厚度的方法，对整个毛坯的切削用量进行借量找正，如图 2—7 所示，在三爪自定心卡盘上通过把垫片移动到不同的位置和改变垫片厚度，工件可绕 y 轴和 z 轴旋转（$\overset{\frown}{y}$，$\overset{\frown}{z}$），从而找匀工件直径上的切削余量。在四爪单动卡盘上装夹工件，除使工件绕 y 轴和 z 轴旋转外，还可直接使工件在 y 轴和 z 轴上平移。又如夹紧力径向作用在工件的薄壁处时，容易引起变形，将工件夹成三棱形，如图 2—8 所示。此时应改变夹紧方法，使夹紧力作用在厚壁处或作用在轴向端面上。

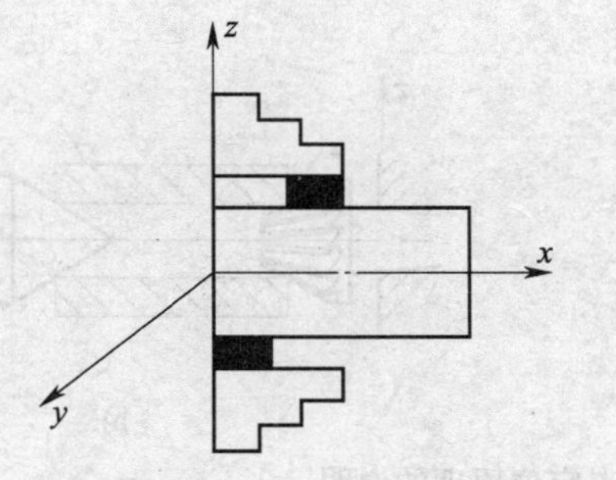

图 2—6　垫片放置位置不正确

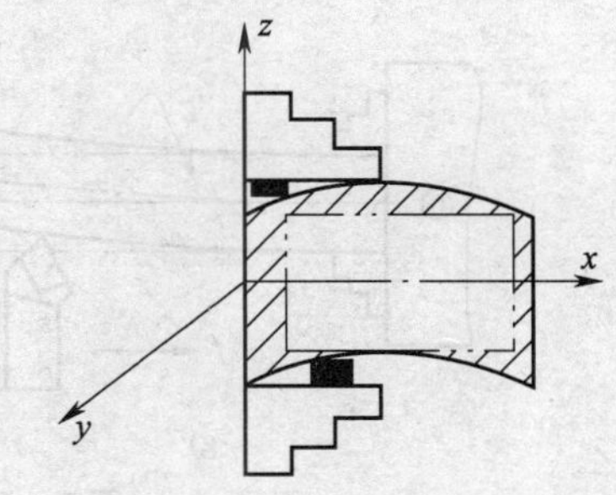

图 2—7　借量找正

3）夹紧力的作用点应尽量靠近加工表面，以防止工件产生振动。当长轴料被一段一段切断时，由于切口处刚度低，会产生振动。为了防止工件产生振动，这时可采用靠近卡盘处切断的方法，如图 2—9 所示。一段被切断后，将工件从尾座端向左移，夹紧后，再在靠近卡盘处切断下一段料（也可靠近尾座顶尖处切断料）。如果切削处无法靠近卡盘，就应采用辅助支撑，如采用中心架作为辅助支撑后，可在靠近中心架处切削工件或切断下料。

2. 工件在三爪自定心卡盘和四爪单动卡盘上找正

工件找正的方法如图 2—10 所示。细长件装夹在卡盘上时，可用划针进行均匀性对称找正，如图 2—10a 所示，可用手扳转工件，在工件前、后两点处找正。粗短件装在卡盘上时，可用划针分别找正其外圆和端面，如图 2—10b 所示。

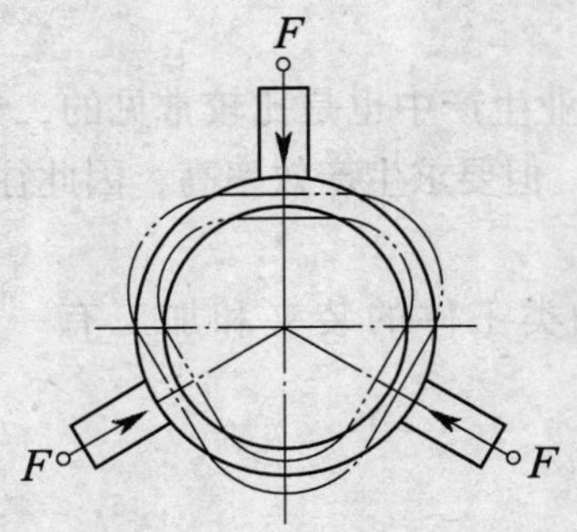

图 2—8　薄壁工件被夹成三棱形

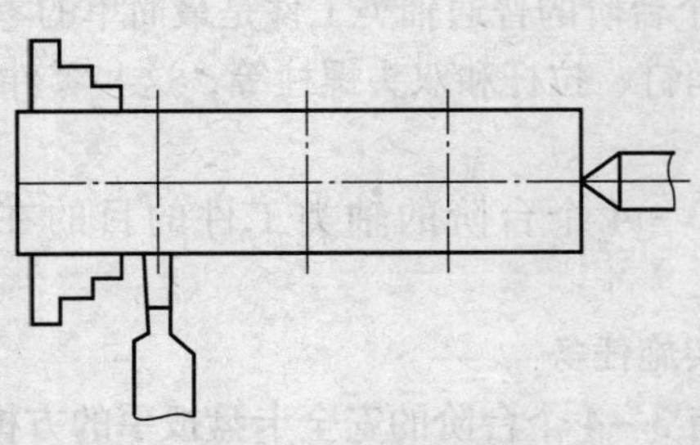

图 2—9　靠近卡盘处切断工件

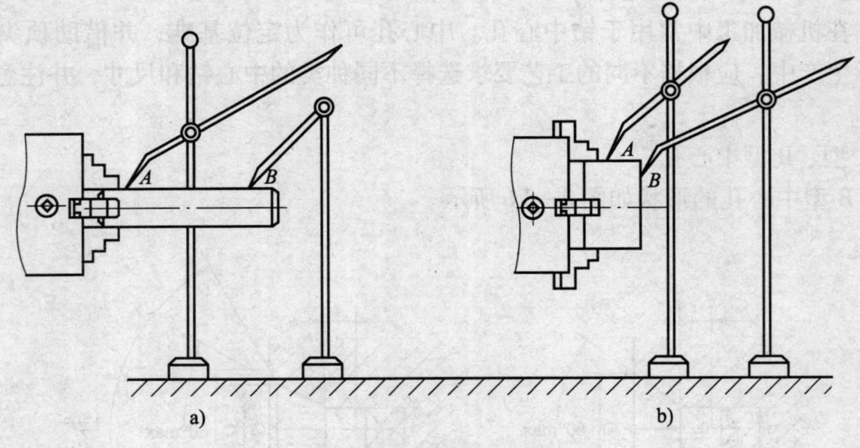

图 2—10　工件找正的方法

a）细长轴的找正　b）粗短件的找正

任务 2　短光轴、3 ~ 4 个台阶的轴类工件的加工

学习目标

对短光轴、3 ~ 4 个台阶的轴类工件进行加工

知识点

①能够制定短光轴、3 ~ 4 个台阶的普通轴类工件（如台阶轴、销钉、拉杆和双头螺柱等）的加工步骤

②钻中心孔的方法

③台阶轴的车削方法

④台阶轴切削用量的选择

⑤表面粗糙度样块的识别

技能点

①能够制定普通轴类工件的加工步骤及加工方法

②能够使用中心钻加工中心孔

③中心钻的选择及使用知识

一、明确任务

3～4个台阶的普通轴类工件是最简单的零件，在工业生产中也是比较常见的，如螺钉、台阶轴、销钉、拉杆和双头螺柱等，这些零件精度较低，但要求生产效率高，因此往往需高速加工。

加工3～4个台阶的轴类工件的目的在于对于轴类工件的装夹和加工有一个初步的认识。

二、实施任务

进行有3～4个台阶的安全卡盘扳手的方榫杆的加工。

三、知识链接

1. A型、B型中心孔的选择

中心钻在机械加工中常用于钻中心孔。中心孔可作为定位基准，并借助顶尖起支撑作用。在实际生产中，应根据不同的工艺要求选择不同种类的中心钻和尺寸，并注意它们的使用方法。

（1）A型、B型中心孔

A型、B型中心孔的形状如图2—11所示。

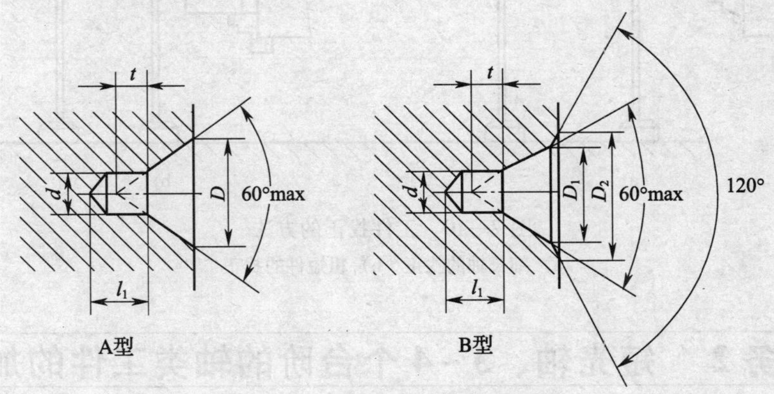

图2—11　A型、B型中心孔的形状

（2）A型、B型中心孔的选择

A型、B型中心孔的选择见表2—1。

表2—1　A型、B型中心孔的选择（摘自GB/T 145—2001）

d（mm）		D（mm）	D_1（mm）	D_2（mm）	选择中心孔的参考数据		
A型	B型	A型	B型	B型	原料端部最小直径 D_c（mm）	轴状原料最大直径 D_0（mm）	工件最大质量（t）
2.00		4.25		6.30	8	>10～18	0.12
2.50		5.30		8.00	10	>18～30	0.2
3.15		6.70		10.00	12	>30～50	0.5
4.00		8.50		12.5	15	>50～80	0.8
(5.00)		10.6		16.00	20	>80～120	1

续表

d（mm）		D（mm）	D_1（mm）	D_2（mm）	选择中心孔的参考数据		
A 型	B 型	A 型	B 型	B 型	原料端部最小直径 D_c（mm）	轴状原料最大直径 D_0（mm）	工件最大质量（t）
6.30		13.2		18.00	25	>120～180	1.5
（8.00）		17.00		22.4	30	>180～220	2
10.00		21.2		28.00	35	>180～220	2.5

注：1. 图2—11 所示的中心孔的图形摘自国家标准《中心孔》（GB/T 145—2001），其中规定 A 型和 B 型中心孔各有两个图形，在 A 型中心孔中标注了 D 和 L_2 两个尺寸，分在两个图形当中；在 B 型中心孔中标注了 D_2 和 L_2 两个尺寸，分在两个图形当中。国家标准规定，制造企业可任选其中一个尺寸，表 2—1 根据车工能够测量到的尺寸也进行了图形的选择，选择了第一种制造图形，舍弃了不容易测量的第二种图形，即 A 型、B 型中心孔同时舍弃了标有 L_2 的图形。

2. 表 2—1 中长度数值 t 及 l_1 对于车工来说不好测量，没有太大关系，可舍去。本表突出加工中心孔的准确性。

3. 尽量避免使用括号中的尺寸。

2. 中心钻的选择

在工艺装备中选择中心钻的形式及尺寸时应参照国家标准《中心钻》（GB/T 6078—1998）进行选择，中心钻的形式及尺寸如图 2—12 所示。

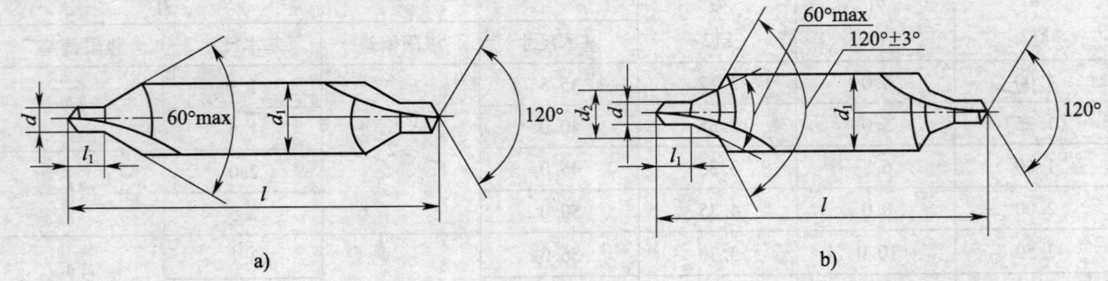

图 2—12　中心钻的形式及尺寸

a）A 型　b）带护锥的 B 型

d—钻孔部分直径，mm　d_1—夹持部分外圆直径，mm

加工中心孔时，依据图 2—11 及表 2—1 选择中心孔的尺寸。例如，中心孔的尺寸为 A2.5/5.3，当选择中心钻时为 A2.5/6.3。其中 2.5 mm 为钻孔部分直径 d，5.3 mm 为中心孔锥孔大端直径 D，6.3 mm 为中心钻夹持部分外圆直径 d_1，要求中心孔钻削直径 $D \leqslant$ 5.3 mm，与 6.3 mm 还相差一段尺寸，以防止将锥孔钻出台阶。6.3 − 5.3 = 1 mm 为预留量。选择时，A 型中心钻的基本尺寸及极限偏差见表 2—2，B 型中心钻的基本尺寸及极限偏差见表 2—3。

表 2—2　　A 型中心钻的基本尺寸及极限偏差　　mm

d k12	d_1 h9	l 基本尺寸	l 极限偏差	l_1 基本尺寸	l_1 极限偏差
(0.5)	3.15	31.5	±2	0.8	$^{+0.2}_{0}$
(0.63)				0.9	$^{+0.3}_{0}$
(0.8)				1.1	$^{+0.4}_{0}$
1.00				1.3	$^{+0.6}_{0}$
(1.25)				1.6	
1.60	4.0	35.5		2.0	$^{+0.8}_{0}$
2.0	5.0	40.0		2.5	
2.50	6.3	45.0	±3	3.1	$^{+1.0}_{0}$
3.15	8.0	50.0		3.9	
4.00	10.0	56.0		5.0	$^{+1.2}_{0}$
(5.00)	12.5	63.0		6.3	
6.30	16.0	71.0		8.0	$^{+1.4}_{0}$
(8.00)	20.0	80.0		10.1	
10.00	25.0	100.0		12.8	

表 2—3　　B 型中心钻的基本尺寸及极限偏差　　mm

d k12	d_1 h9	d_2 k12	l 基本尺寸	l 极限偏差	l_1 基本尺寸	l_1 极限偏差
1.00	4.0	2.12	35.5	±2	1.3	$^{+0.6}_{0}$
(1.25)	5.0	2.65	40.0		1.6	
1.60	6.3	3.35	45.0		2.0	$^{+0.8}_{0}$
2.00	8.0	4.25	50.0		2.5	
2.50	10.0	5.30	56.0	±3	3.1	$^{+1.0}_{0}$
3.15	11.2	6.70	60.0		3.9	
4.00	14.0	8.50	67.0		5.0	$^{+1.2}_{0}$
(5.00)	18.0	10.60	75.0		6.3	
6.30	20.0	13.20	80.0		8.0	
(8.00)	25.0	17.00	100.0		10.1	$^{+1.4}_{0}$
10.00	31.5	21.20	125.0		12.8	

例如，如图 2—13 所示，中心钻外径 d_1 应大于中心孔锥孔大端直径 D，当选择中心孔为 2/4.25 时，中心钻为 2/5。

3. 钻中心孔的方法

轴类工件端面上的中心孔供顶尖支顶工件用，以承受切削力并作为多次加工的定位基准，中心孔用中心钻钻削而成。

钻中心孔时，导致中心钻折断的原因较多。例如，中心钻的轴线歪斜，工件端面不平，

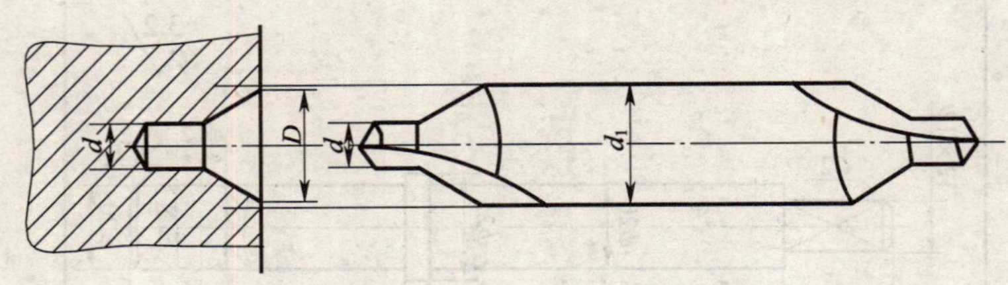

图 2—13　中心钻外径 d_1 应大于中心孔锥孔大径 D

工件转速太低而中心钻进给太快，中心钻切削刃磨钝后强行钻入工件等。

中心孔的大小应符合图样技术要求或根据工件的直径来选择。中心孔的质量分析如图 2—14 所示。正确的中心孔的形状如图 2—14a 所示。如中心孔钻得太深，将使顶尖与中心孔的圆锥面配合不上，如图 2—14b 所示。中心钻尺寸过大或中心孔钻得过大时，将使工件失去端面，如图 2—14c 所示。若中心孔钻偏，将使工件因定位不准而产生废品，如图 2—14d，e 所示。若两端中心孔不在同一轴线上，将使工件定位不准，造成中心孔接触不良，如图 2—14f 所示。若中心钻钻孔部分因磨损而变短，钻出的中心孔短了，使顶尖与中心孔底部接触，影响工件的定位，如图 2—14g 所示。

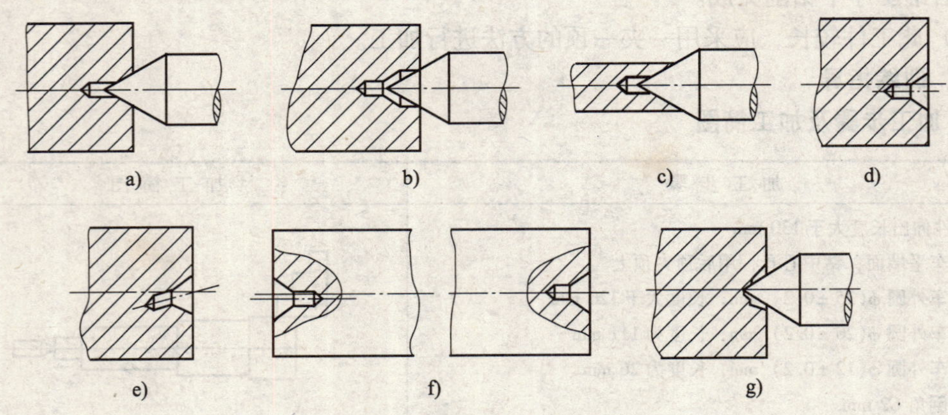

图 2—14　中心孔的质量分析

a）正确　b）中心孔过深　c）中心孔过大　d），e）钻偏　f）不同轴　g）中心钻磨损

四、训练课题

1. 工艺准备

（1）审图

按图 2—15 所示的要求加工方榫杆（注：此件加工后，用于装配如图 7—32 所示的安全卡盘扳手）。

（2）材料

45 钢，尺寸为 $\phi26$ mm × 200 mm 的棒料。

（3）设备

CA6140 型机床（三爪自定心卡盘）。

（4）工装

90°车刀，45°车刀，中心钻 A2/5 及钻夹具，游标卡尺 0.02 mm/（0 ~ 200 mm）。

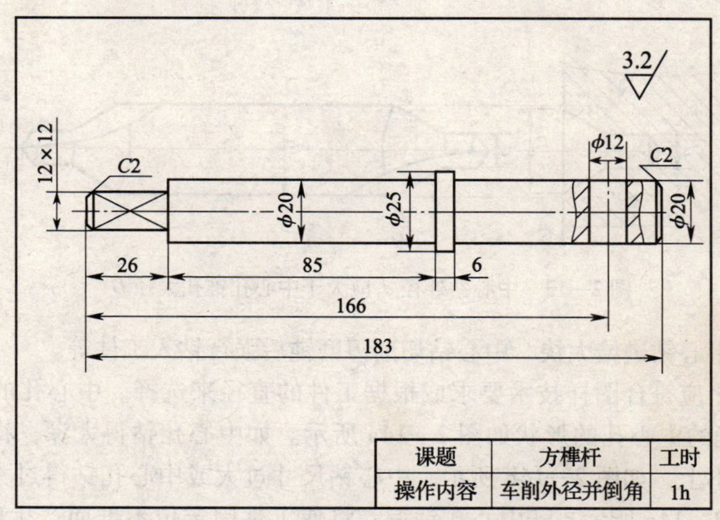

图 2—15　方榫杆

2. 工艺分析

（1）方榫杆的方榫部分首先应按图样的要求加工成圆柱，再进行铣削或锉削。ϕ12 mm 的孔在后继工序中钻削完成。

（2）此工件较长，应采用一夹一顶的方法进行加工。

五、训练指导

1. 加工步骤及加工简图

加 工 步 骤	加 工 简 图
1. 工件伸出长度大于 130 mm （1）车平端面，钻中心孔，用后顶尖顶上 （2）车外圆 ϕ(25 ±0.2) mm，长度大于 120 mm （3）车外圆 ϕ(20 ±0.2) mm，长度为 111 mm （4）车外圆 ϕ(12 ±0.2) mm，长度为 26 mm （5）倒角 C2 mm	
2. 掉头装夹工件 （1）车平端面，取总长为 183 mm （2）车外圆 ϕ(20 ±0.2) mm，保证 ϕ25 mm 的台阶宽度为 6 mm	

2. 课题评分标准

项目	序号	检测内容	配分	扣分标准	得分
外圆	1	ϕ25 mm	5	未注公差超差不得分	
	2	左侧 ϕ20 mm	15	未注公差超差不得分	
	3	右侧 ϕ20 mm	10	未注公差超差不得分	
	4	ϕ12 mm	5	未注公差超差不得分	

续表

项目	序号	检测内容	配分	扣分标准	得分
中心孔	5	A2/4.25	10	未注公差超差不得分	
长度	6	183，166，85，26，6 mm	5×5	未注公差超差不得分	
表面粗糙度	7	$R_a \leqslant 3.2$ μm（8处）	2.5×8	R_a 每降1级扣该项配分的1/2	
倒角	8	$C2$ mm（两处）	2×5	未注公差超差不得分	
合计			100		
姓名		操作时间	时 分始 时 分止	日期	考评教师

任务3　轴径公差IT9级工件的加工

学习目标

掌握刀具牌号、可转位车刀型号的标记方法及中心钻的选择

知识点

①能够根据需求选择车刀刀头形式

②能够根据工件材料选择刀具材料牌号

技能点

加工轴类零件并达到以下要求：

①轴径公差等级：IT9级

②同轴度公差等级：8~9级

③表面粗糙度：$R_a \leqslant 3.2$ μm

④未注尺寸公差等级：粗糙c级

⑤未注同轴度公差等级：L级（0.5 mm）

一、明确任务

通过加工台阶轴，掌握刀具的刃磨、工件的装夹以及工件车削加工的基本工艺知识。加工精度要求较高的光轴或台阶轴时，需要正确地装夹和使用刀具，正确地选择切削用量。

二、实施任务

1. 必要刀具的准备与刃磨

简单轴类工件的加工主要需完成端面及外圆的车削，要磨削必要的刀具进行加工。车削外圆用90°车刀，如图2—16a所示；车削端面用45°车刀，如图2—16b所示；切断时用切断刀，如图2—16c所示。

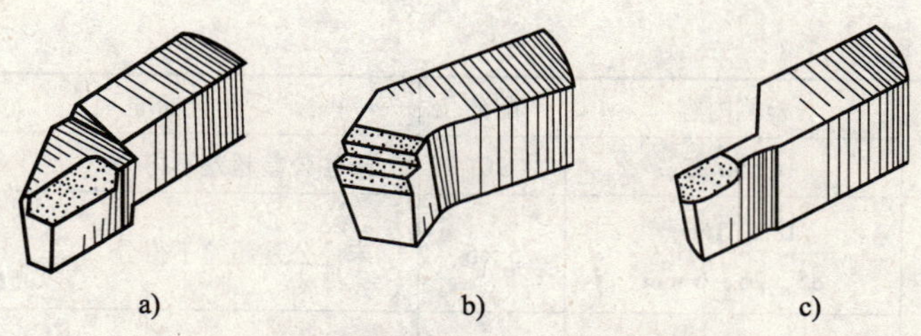

图 2—16　车削简单轴类工件的车刀

a）90°车刀　b）45°车刀　c）切断刀

（1）90°精车刀

90°精车刀的刃磨效果如图 2—17 所示。在图中需说明：由于 90°精车刀垂直于轴线放置，且用于车削圆柱，前角 $\gamma_o \geqslant 15°$，断屑槽宽度 $L_{Bn} \leqslant 4$ mm，主切削刃负倒棱宽度精车时取 0.05 ~ 0.1 mm，断屑槽深度大于 0.5 mm，修光刃长度取 0.5 mm，是进给量 f 的 5 ~ 10 倍。其余角度参照图 2—17 进行刃磨。

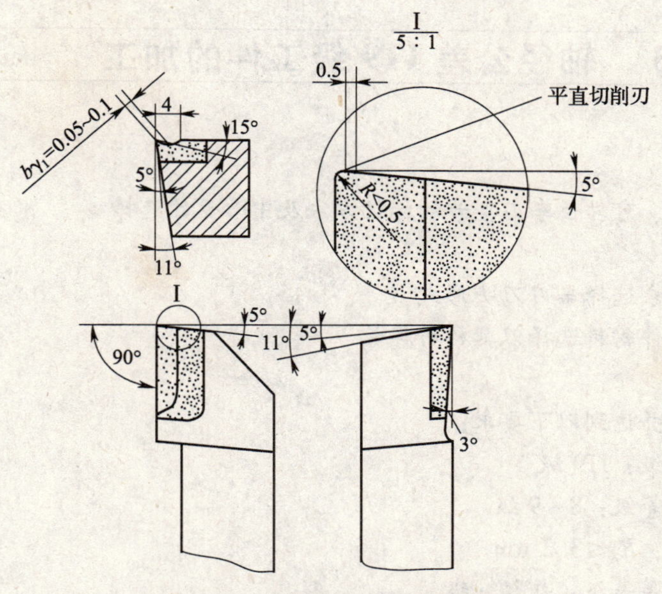

图 2—17　90°精车刀的刃磨效果

（2）45°车刀

45°车刀的刃磨效果如图 2—18 所示。它与 90°车刀的不同之处在于有两个副后角，应认真刃磨所用一侧的副后角。

2. 工件的装夹、车刀的安装及粗车和精车的概念

（1）工件的装夹

注意选择工件规则的外表面进行装夹，以确保工件装夹牢固。长轴工件可采用卡盘夹住一端，另一端用尾座顶尖顶住的方法，即一夹一顶的方法进行装夹。工件进行粗加工的目的是要将工件大部分加工余量尽快车削掉，在未进入精加工之前应提高生产效率，并且可消除工件内部的残余应力以及热变形对工件造成的影响。因此切削力较大，所以夹紧力也应较大，容易夹伤工件，但由于是粗车，基本不影响工件表面质量。粗车后，一般要重新装夹工件，在以后的装夹中，要注意装夹方式和夹紧力的大小，注意在精车时保证加工质量。

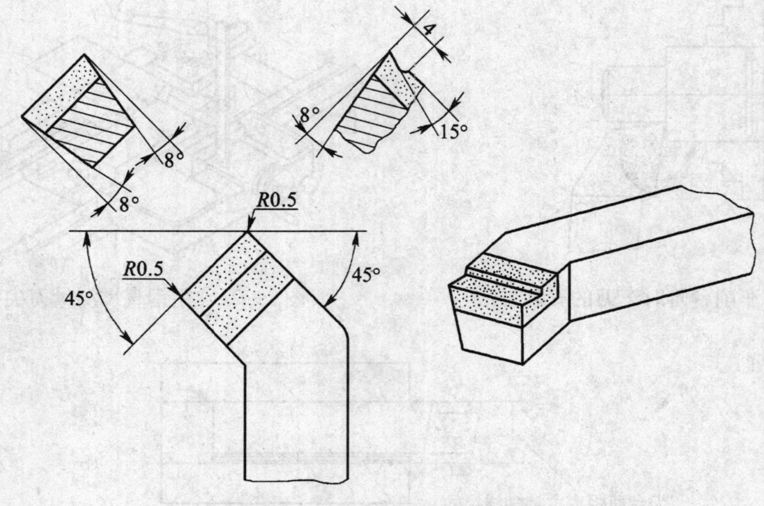

图 2—18　45°车刀的刃磨效果

(2) 车刀的安装

1) 车刀对中心。车削加工时，尤其是车削端面时，刀尖必须与主轴轴线等高。刀尖高于或低于工件中心都会在端面中心处留有凸台，车削时会损坏刀尖，如图 2—19 所示。

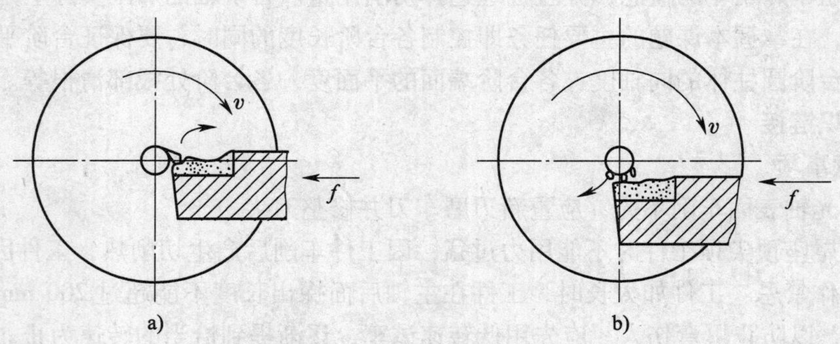

图 2—19　刀尖不对中心

a) 刀尖高于中心　b) 刀尖低于中心

2) 车刀的选择和装夹。由于要保证台阶平面与工件轴线垂直，因此，车削带台阶的工件时应选择 90°车刀，正确装刀时应取主偏角在 90°～93°之间，其安装方法如图 2—20 所示。刀尖高度必须与工件轴线等高，常采取测量法进行校正，操作者初期常用刀尖对准尾座顶尖的方法来保证等高。机床的各个平面距离机床主轴轴线都有一固定高度值，如图 2—21 所示为以中滑板刀台面为基准，用钢直尺测量刀尖与机床主轴轴线之间的差。或用游标卡尺测出刀垫加上刀柄的总厚度后进行装刀，这个总厚度等于刀台面距离主轴轴线的高度（见图 2—22）。制造机床时，放置刀具的刀台面距离主轴中心有一定的尺寸要求，其中 CA6140 型车床为 26 mm，一般称为放置“25 刀（即 25 mm×25 mm）”，CA6136 型车床为 20 mm，一般称为放置“20 刀（即 20 mm×20 mm）”。当刀柄厚度为标准值时，一般很少加刀垫，只有当刀具磨损或刀柄厚度不够时才加刀垫。这时可以粗略测量刀垫＋刀柄的总厚度，满足 25 mm 或 20 mm 即可，车刀装好后应试车端面，根据端面旋转的圆心用薄垫片进行精确调整。

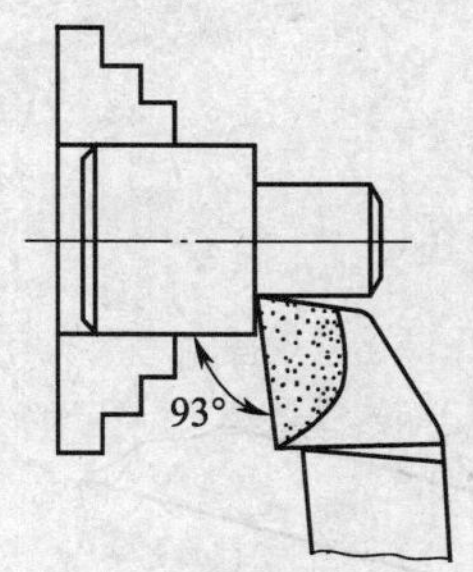

图 2—20　车削台阶时车刀的安装方法

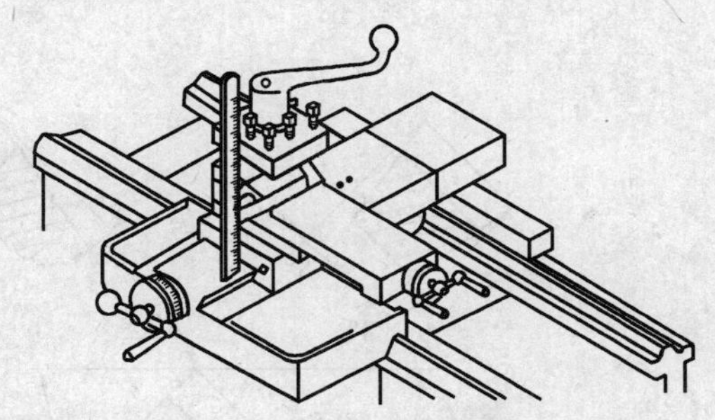

图 2—21　用钢直尺测量刀尖高度

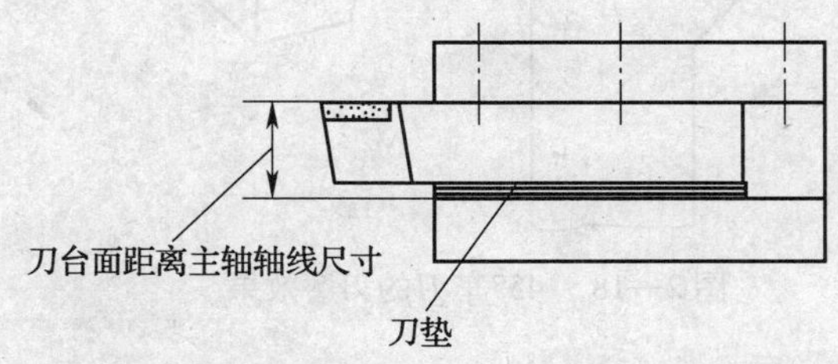

图 2—22　用游标卡尺测量刀垫 + 刀柄的总厚度

(3) 钻中心孔，以便于装夹工件

要掌握粗车和精车的概念，并且合理选择切削用量。台阶轴的加工实际上是外圆和平面的组合加工，在掌握本课题的主要任务即控制各台阶长度的同时，要保证台阶平面与工件轴线垂直，各台阶圆柱体的同轴度，各台阶端面的平面度，各台阶处根部清根等。

三、知识链接

1. 注意事项

(1) 若光轴表面车削不光，应重新刃磨车刀并修整刀尖。

(2) 用尾座顶尖顶工件时不能用力过猛，因工件车削后产生切削热，工件因此会弯曲。

(3) 操作禁忌：工件如太长时，工件在主轴后面探出长度不能超过 200 mm，且主轴转速不能太高，以防止甩弯伤人。应先用低转速试车，逐渐提到恰当的转速为止。

2. 重点提示

(1) 硬质合金刀片用碳化硅砂轮磨削，刀柄用氧化铝砂轮磨削。

(2) 用一夹一顶法装夹轴类工件时，卡盘夹的轴头要短，以避免因重复定位而使顶尖孔不正。而且轴头要轻夹，用顶尖顶住工件后，再夹紧轴头，能使轴类工件自动找正。

(3) 刀头各种角度的磨削均需以刀柄底面为定位基准和测量基准。车刀磨好后，放在平台上用万能角度尺检查前角、主后角和副后角。

(4) 练习刃磨车刀时，建议先磨高速钢车刀，后磨硬质合金车刀。

四、训练课题

1. 车削台阶轴的工艺准备

(1) 审图

按图 2—23 所示的要求加工台阶轴（注：此件加工后，用于加工如图 4—23 所示的双向台阶轴）。

(2) 材料

45 钢，尺寸为 ϕ35 mm × 97 mm 的棒料。

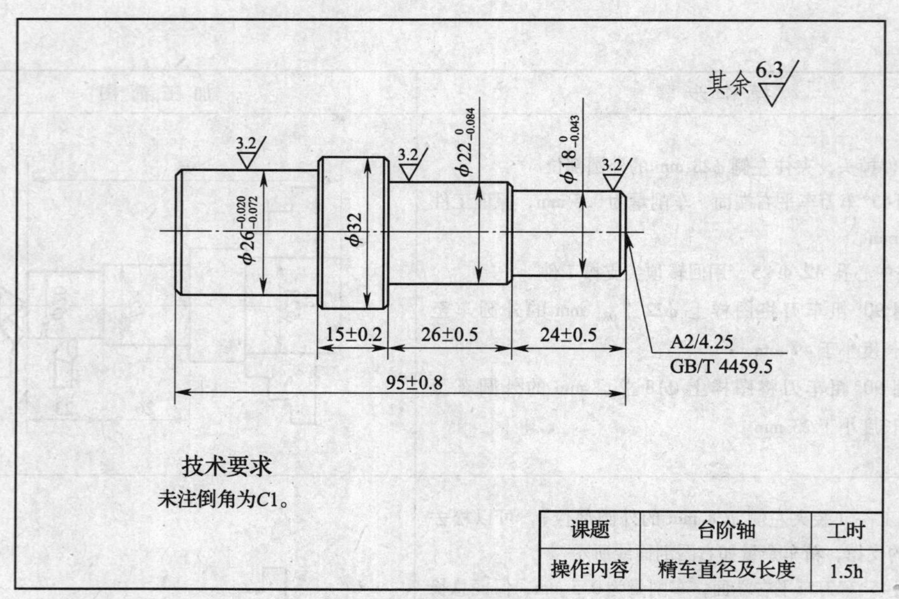

图 2—23　台阶轴

（3）设备

CA6140 型车床（三爪自定心卡盘）。

（4）工装

90°车刀，45°车刀，中心钻 A2/5 及钻夹具，游标卡尺 0.02 mm/（0～200 mm），千分尺 0.01 mm/（0～25 mm，25～50 mm），回转顶尖。

2. 工艺分析

此件为台阶轴，查极限偏差表可知 $\phi 26^{-0.020}_{-0.072}$ mm 为 f9，$\phi 22^{\ 0}_{-0.084}$ mm 为 h10，$\phi 18^{\ 0}_{-0.043}$ mm 为 h9；查未注公差表可知（15 ± 0.2）mm，（26 ± 0.5）mm，（24 ± 0.5）mm，（95 ± 0.8）mm 均为未注线性公差 GB/T 1804—c（粗糙级）；查 A2/4.25 为 A 型中心钻且夹持部分外圆直径 d_1 为 5 mm；R_a6.3 μm 及 R_a3.2 μm 为车削要求的表面粗糙度。此工件虽然未标注形位公差，但因为两头直径都有公差，故应考虑一定的同轴度要求。按未注形位公差的规定，可用圆跳动误差检测值来代替同轴度误差，故两侧应按未注圆跳动误差来检测，不能随意去加工。故应按最大级 GB/T 1184—L（级别为 H，K，L）来加工，即圆跳动误差为 0.5 mm。因此，三爪自定心卡盘的内口应具有良好的装夹面，以防止掉头时产生过大的跳动。

五、训练指导

1. 操作步骤及加工简图

操 作 步 骤	加 工 简 图
1. 取料后将工件探头装夹，伸出长度大于 52 mm （1）用 45°车刀车平左端面，车削量为 1 mm （2）用 90°粗车刀将图样上 ϕ32 mm 的外圆粗车至 ϕ33 mm，长度大于 51 mm （3）用 90°粗车刀将图样上 $\phi 26^{-0.020}_{-0.072}$ mm 的外圆粗车至 ϕ28 mm，长度小于 29 mm	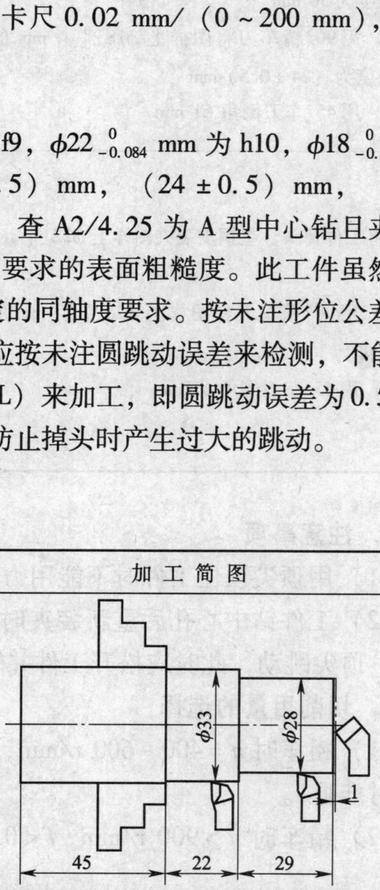

续表

操作步骤	加工简图
2. 将工件掉头，夹住左侧 $\phi28$ mm 的外圆部位 （1）用45°车刀车平右端面，车削量为0.5 mm，保证工件长度95.5 mm （2）钻中心孔 A2/4.25，用回转顶尖支撑工件 （3）用 90° 粗车刀将图样上 $\phi22_{-0.084}^{\ 0}$ mm 的外圆车至 $\phi24$ mm，长度小于 49 mm （4）用 90° 粗车刀将图样上 $\phi18_{-0.043}^{\ 0}$ mm 的外圆车至 $\phi20$ mm，长度小于 23 mm	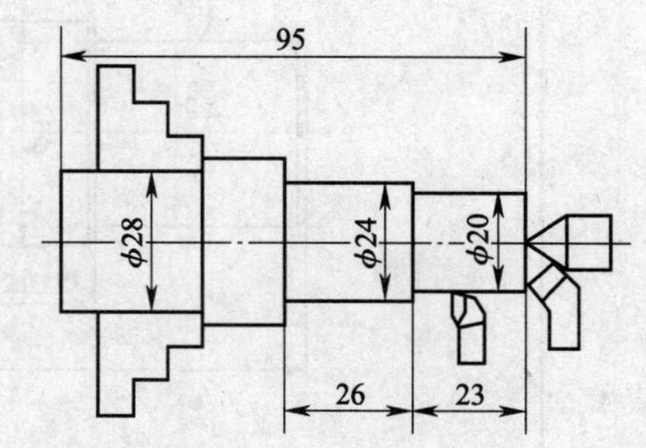
3. 精车工件（装夹左侧 $\phi28$ mm 的外圆部位），可以松去回转顶尖的支撑，精车余量如右图剖面线所示 （1）用45°车刀车平右端面，车削量为0.5 mm，保证总长95 mm （2）用90°精车刀将图样上 $\phi32$ mm 的外圆车至尺寸，长度大于65 mm （3）用90°精车刀将图样上 $\phi22_{-0.084}^{\ 0}$ mm 的外圆车至尺寸，长度为50 mm （4）用90°精车刀将图样上 $\phi18_{-0.043}^{\ 0}$ mm 的外圆车至尺寸，长度为（24 ±0.5）mm （5）用45°车刀倒角 $C1$ mm	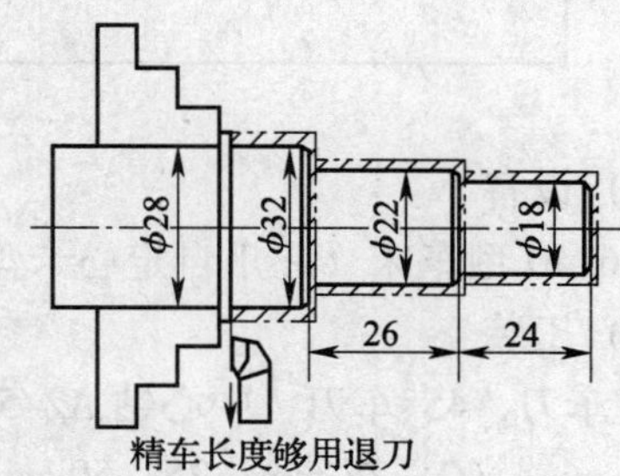精车长度够用退刀
4. 将工件掉头，垫铜皮装夹图样上 $\phi22_{-0.084}^{\ 0}$ mm 的外圆部位 （1）用90°精车刀将图样上 $\phi26_{-0.072}^{-0.020}$ mm 的外圆车至尺寸，长度为30 mm （2）用45°车刀倒角 $C1$ mm	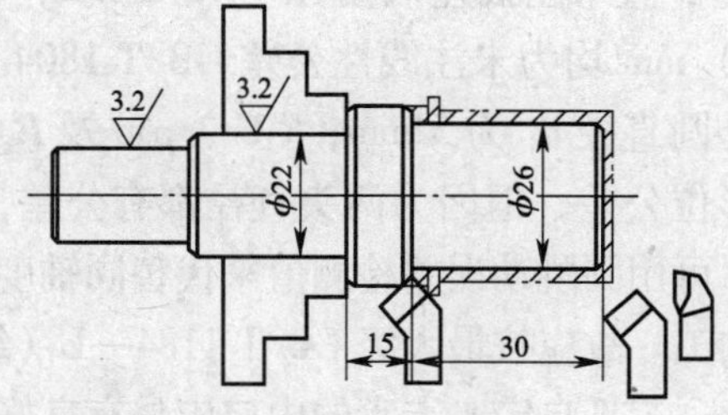

2. 注意事项

（1）用顶尖顶住工件时不能用力过猛。

（2）工件钻中心孔后重新装夹时，会造成重复定位现象。工件被再次顶住后会晃动且不正，顶尖跳动，此时应松开工件并轻夹工件，将工件向右靠在顶尖上后再夹紧。

3. 切削用量的选择

（1）粗车时 $n=400\sim600$ r/min，$f=0.1\sim0.3$ mm/r（车外圆时手柄对准Ⅱ，车端面时手柄对准Ⅲ）。

（2）精车时 $n>900$ r/min，$f<0.1$ mm/r（车外圆时手柄对准Ⅰ，车端面时手柄对准Ⅱ）。

4. 课题评分标准

<table>
<tr><th>项目</th><th>序号</th><th colspan="2">检测内容</th><th>配分</th><th colspan="2">扣分标准</th><th>得分</th></tr>
<tr><td rowspan="4">外圆</td><td>1</td><td colspan="2">$\phi 26_{-0.072}^{-0.020}$ mm，$R_a \leqslant 3.2$ μm</td><td>10×2</td><td colspan="2">每超差 0.01 mm 扣该项配分的 1/2
R_a 每降 1 级扣该项配分的 1/2</td><td></td></tr>
<tr><td>2</td><td colspan="2">$\phi 22_{-0.084}^{0}$ mm，$R_a \leqslant 3.2$ μm</td><td>10×2</td><td colspan="2">每超差 0.01 mm 扣该项配分的 1/2
R_a 每降 1 级扣该项配分的 1/2</td><td></td></tr>
<tr><td>3</td><td colspan="2">$\phi 18_{-0.043}^{0}$ mm，$R_a \leqslant 3.2$ μm</td><td>10×2</td><td colspan="2">每超差 0.01 mm 扣该项配分的 1/2
R_a 每降 1 级扣该项配分的 1/2</td><td></td></tr>
<tr><td>4</td><td colspan="2">$\phi 32$ mm</td><td>3</td><td colspan="2">未注公差超差不得分</td><td></td></tr>
<tr><td>中心孔</td><td>5</td><td colspan="2">A2/4.25</td><td>3</td><td colspan="2">未注公差超差不得分</td><td></td></tr>
<tr><td>长度</td><td>6</td><td colspan="2">(15±0.2)，(26±0.5)，(24±0.5)，
(95±0.8) mm</td><td>3×4</td><td colspan="2">未注公差超差不得分</td><td></td></tr>
<tr><td>表面
粗糙度</td><td>7</td><td colspan="2">$R_a \leqslant 6.3$ μm（6 处）</td><td>2×6</td><td colspan="2">R_a 每降 1 级扣该项配分的 1/2</td><td></td></tr>
<tr><td>倒角</td><td>8</td><td colspan="2">未注倒角 C1 mm（5 处）</td><td>2×5</td><td colspan="2">未注公差超差不得分</td><td></td></tr>
<tr><td colspan="2">合计</td><td colspan="2"></td><td>100</td><td colspan="2"></td><td></td></tr>
<tr><td>姓名</td><td></td><td>操作时间</td><td>时　分始
时　分止</td><td>日期</td><td></td><td>考评教师</td><td></td></tr>
</table>

模块二　工件的切断

任务　工件的切断

学习目标

掌握在机床上切断工件的操作技术

知识点

①切断刀各角度名称、性能及特点

②切断刀刃磨的基础知识

③切断时切削用量的基本知识

技能点

能够操作机床用正、反切断刀切断工件

一、明确任务

轴类工件往往需在外径上车出退刀槽或切断工件等，因此要掌握切断刀、外圆车槽刀的几何形状并能进行刃磨。切断刀、外圆车槽刀的几何形状及刃磨方法与 90°车刀基本相同。车槽刀刀头长度较短，较容易刃磨；切断刀刀头长，刚度不足，刃磨难度较大。常用切断刀按材料不同可分为高速钢切断刀和硬质合金切断刀。

二、实施任务

高速钢切断刀如图 2—24 所示。切断刀刃磨的角度一般视工件材料而定。工件材料软时，可取较大的前角、主后角、副后角及副偏角；反之，工件材料硬时，可取较小的前角、主后角、副后角及副偏角。

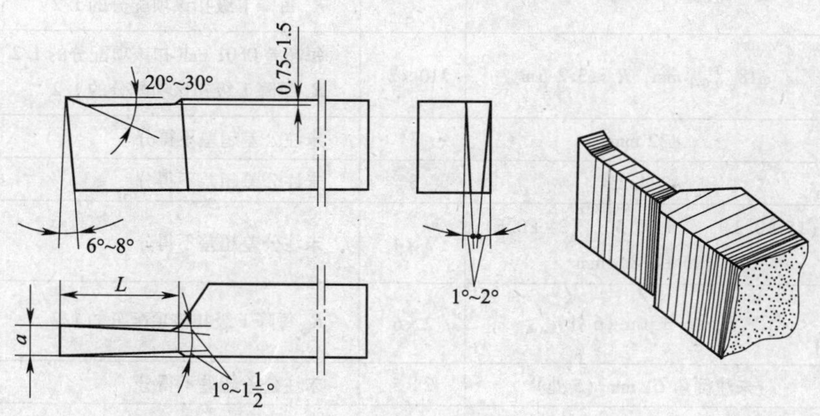

图 2—24　高速钢切断刀

三、知识链接

1. 切断刀的前角和断屑槽的选择

当工件材料较硬时，前角应小些，断屑槽不宜磨得太深，不然会减弱刀头强度，使车刀容易折断。当切断面较深时，应磨成直线型断屑槽（见图 2—25），以便于切屑成带状顺切缝向外直线排出，防止挤屑。

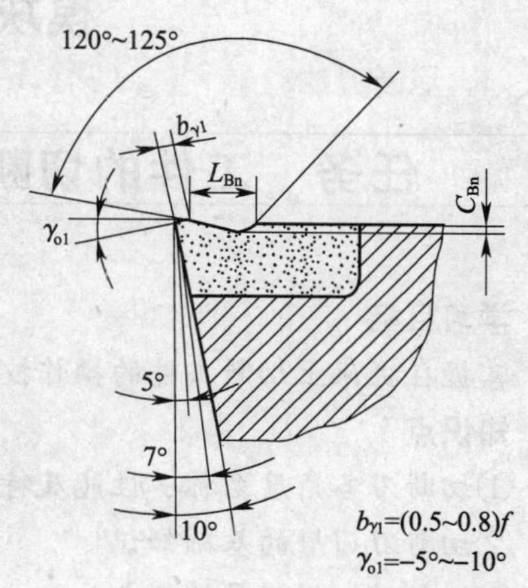

图 2—25　直线型断屑槽

2. 切断刀主后角的选择

选择切断刀主后角时一般先考虑刀头强度。切断面越深，切断刀刀头越长，越要考虑刀头强度，一般主后角不宜过大，不能使切断刀形成“锥子”形。

3. 切断刀副后角和副偏角的选择和刃磨

切断刀两侧副后角和两侧副偏角是磨削中最难和最关键的环节。要求两侧副后面平直，两侧副后角相等且对称，两侧副偏角相等且对称。两侧副后角及两侧副偏角都在 1°～2°之间，角度大了，刀头呈现“细脖”状态，强度不够。不正确的副偏角如图 2—26 所示，图 2—26a 所示为副偏角太大，切断刀使用过程中极易折断；图 2—26b 所示的切断刀前窄后宽（即副偏角为负值），切断刀切入时，工件夹刀，使切断刀折断；图 2—26c 所示的副切削刃呈曲线，切断时三面切削，较难切入，造成“扎刀”现象或使刀头折断；图 2—26d 所示的切断刀左侧磨成台阶状，不能在靠近卡盘最近处切断工件。不正确的副后角如图 2—27 所示，在图

2—27a 所示的切断刀的两侧副后角中，左面副后角为负值，切断时与工件侧面产生摩擦，迫使左侧刃右让，使切断面左侧呈凸形，右侧呈凹形；图 2—27b 所示的切断刀的两侧副后角太大，刀头强度降低，切断时刀头容易折断。一般刃磨两侧副后角和副偏角时，用游标卡尺测量刀头的前后、上下差。以 25 mm 厚的刀为例，刀头长 25 mm，磨削角度为 1.5°，则主切削刃处的刀宽比下部和后部宽 1.3 mm。

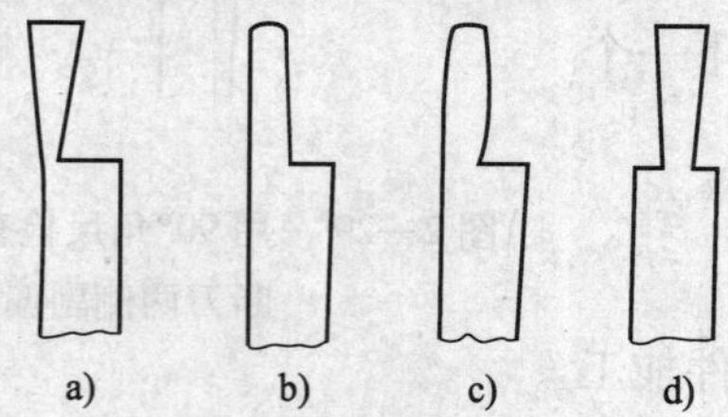

图 2—26　不正确的副偏角

a）副偏角太大　b）前窄后宽

c）副切削刃不平直　d）左侧刃磨得太多

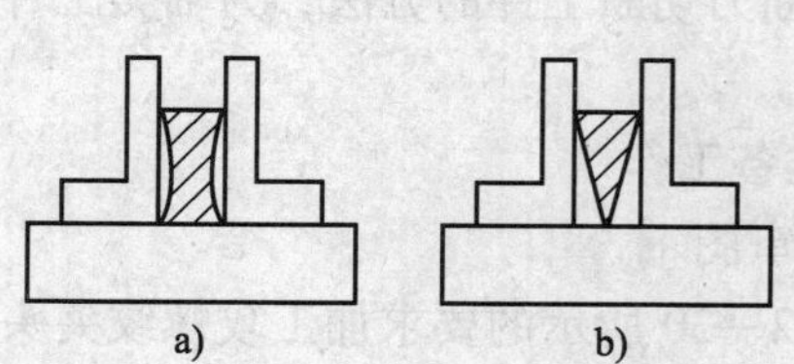

图 2—27　不正确的副后角

a）左侧副后角为负值　b）两侧副后角太大

4. 切削刃及刀尖的刃磨

刀尖处应磨有过渡圆角，两侧过渡圆角的大小应一致（一般取小值）。如不一致，或两侧刀尖磨损不一致时，一侧刀尖锋利，一侧刀尖磨钝，都会造成切断刀不走直线，使切断面呈现凸凹面，这时应通过修磨刀尖来达到垂直切入的目的。主切削刃应磨有负倒棱，尤其硬质合金车刀更是如此。如果没有负倒棱，或者负倒棱太窄或不均匀（俗称切削刃太虚），当强力切断时，切削刃容易损坏，尤其是切至中心时，切削刃更容易崩掉。

5. 切断刀的刃磨

切断刀的刃磨步骤如图 2—28 所示。

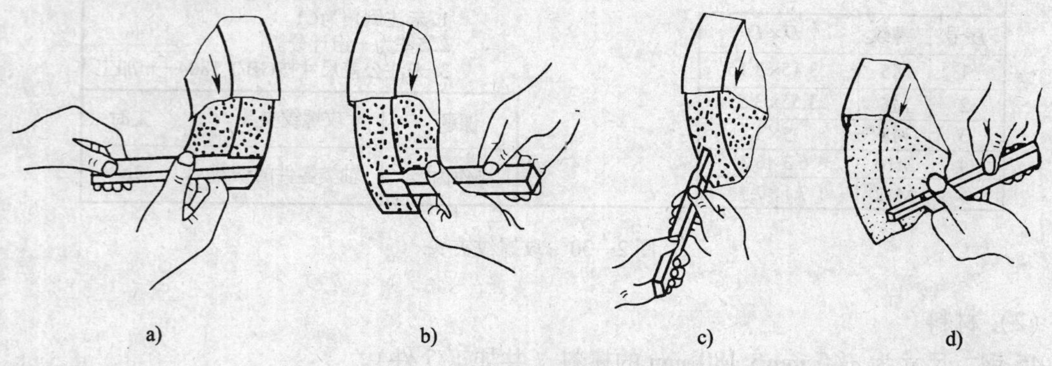

图 2—28　切断刀的刃磨步骤

a）刃磨左侧副后面　b）刃磨右侧副后面　c）刃磨主后面　d）刃磨前面

（1）刃磨左侧副后面，磨出副后角和副偏角，如图 2—28a 所示。

（2）刃磨右侧副后面，磨出副后角和副偏角，如图 2—28b 所示。

（3）刃磨主后面，保证主后角，如图 2—28c 所示。

（4）刃磨前面，保证前角，如图 2—28d 所示。

6. 切断刀的安装

安装切断刀时，主切削刃必须严格对准工件中心，两侧副偏角用 90°角尺检查应对称于

工件外圆表面，如图 2—29 所示为用 90°角尺检查切断刀两侧副偏角。

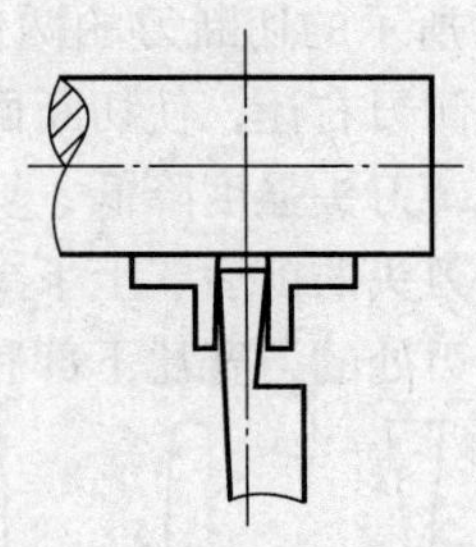

图 2—29 用 90°角尺检查切断刀两侧副偏角

四、训练课题

1. 掌握加工攻螺纹夹头的技术要求

通过加工薄垫工件，初步掌握切断刀的刃磨、装夹方法及使用切断刀切断工件的方法，为轴类工件的切断打下一个良好基础。

2. 准备工作

（1）审图

按图 2—30 所示的要求加工攻螺纹夹头（注：此件加工后，用于装配如图 7—30 所示的攻、套螺纹工具）。

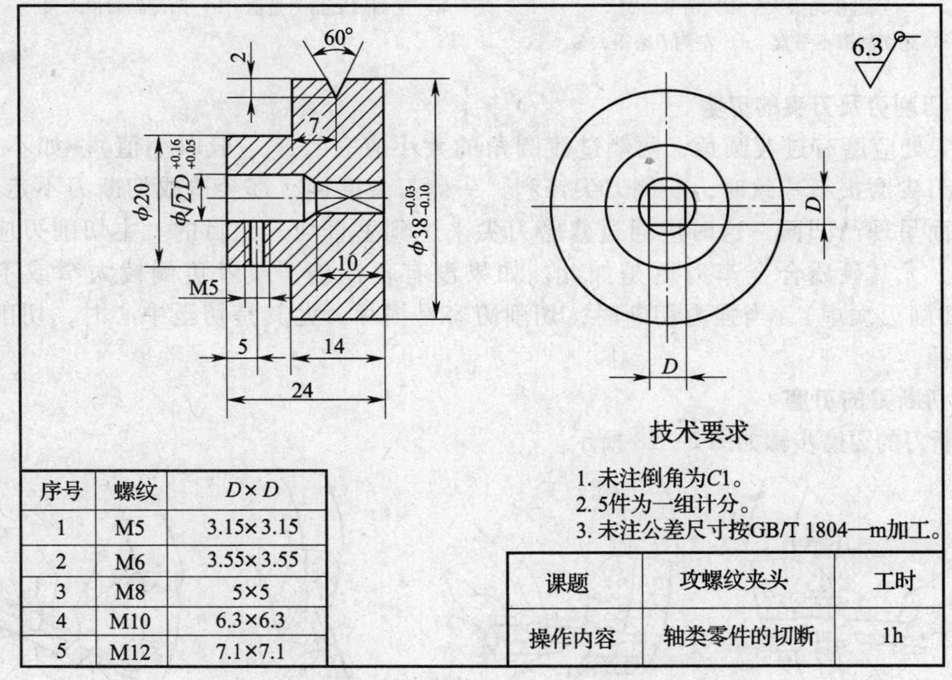

序号	螺纹	D×D
1	M5	3.15×3.15
2	M6	3.55×3.55
3	M8	5×5
4	M10	6.3×6.3
5	M12	7.1×7.1

课题	攻螺纹夹头	工时
操作内容	轴类零件的切断	1h

图 2—30 攻螺纹夹头

（2）材料

45 钢，尺寸为 $\phi40$ mm×180 mm 的棒料（共加工 5 件）。

（3）设备

CA6140 型车床（三爪自定心卡盘），相应的卡盘扳手和刀架扳手各一副。

（4）工装

90°车刀，45°车刀，高速钢切断刀，游标卡尺 0. 02 mm/（0 ~150 mm），90°角尺，万能角度尺 2′/（0° ~320°）。

五、训练指导

1. 操作步骤及加工简图

操作步骤	加工简图
1. 用三爪自定心卡盘夹住 $\phi 40$ mm 的外圆 （1）车端面 （2）车 $\phi 38_{-0.10}^{-0.03}$ mm 的外圆至尺寸要求 （3）车台阶 $\phi 20$ mm × 10 mm	
2. 钻孔、切断 （1）钻孔，其直径为 D 和 $\sqrt{2}D_{+0.05}^{+0.16}$ （2）主切削刃应略斜一些，以使工件切断面不留凸台。但由于左侧刀尖为钝角，在切削力作用下刀头易向右偏斜，因此，左侧刀尖应保持锋利，才能不产生“让刀”现象 （3）应在量好主切削刃宽度后，摇小滑板校正尺寸，切下每一个工件 （4）切断面要求平直，手动进给	

注：M5 的螺孔在后继工序中加工。

2. 注意事项

（1）用高速钢切断刀切断时，转速不宜太高，以防止刀尖退火。

（2）当发现切断面不平时，应重新刃磨切断刀两侧刀尖及副后角。

（3）操作禁忌：切断工件和刃磨切断刀时，均应戴护目镜，以防止崩伤眼睛。

3. 课题评分标准

	序号	检测内容	配分	扣分标准	得分
外圆	1	$\phi 38_{-0.10}^{-0.03}$mm，$\phi 20$ mm	3，2	每超差 0.01 mm 扣 1 分 未注公差超差不得分	
内孔	2	$\phi \sqrt{2}D_{+0.05}^{+0.16}$mm，$\phi D$ mm	2，2	每超差 0.01 mm 扣 1 分 未注公差超差不得分	
长度	3	24，14，10，5 mm	1×4	未注公差超差不得分	
其他	4	60°×2	2	未注公差超差不得分	
	5	$R_a \leq 6.3$ μm（5 处）	1×5	R_a 每降 1 级不得分	
合计			20 分×5 件		

姓名		操作时间	时　分始 时　分止	日期		考评教师	

思考题

1. 一夹一顶装夹工件的方法一般用于什么情况？
2. 两顶尖装夹工件的方法一般用于什么情况？
3. 工件先钻中心孔后装夹会产生重复定位吗？为什么？
4. 中心钻外径有多大，中心孔就允许钻多大吗？为什么？
5. 90°车刀的含义是什么？如何定义车刀的名称？
6. 90°精车刀、45°车刀和切断刀如何定义主偏角？
7. 切断刀主后角、副后角和副偏角应怎样选择和刃磨？
8. 工件怎样装夹？车刀怎样安装？为什么车刀刀尖要对准工件中心？
9. 如何刃磨90°精车刀？

第三单元　套类工件加工

模块一　用麻花钻钻孔、扩孔及用铰刀铰孔

任务1　麻花钻的刃磨

学习目标

掌握麻花钻的刃磨方法

知识点

麻花钻的几何形状及刃磨方法

技能点

能够对麻花钻进行刃磨

一、明确任务

麻花钻是钻孔时最常用的工具，一般用高速钢制造。麻花钻的工作部分由切削部分和导向部分组成。刃磨麻花钻的切削部分是钻孔时的最基础技术，而且也是机械加工各种材料时较难的精尖技术。

二、实施任务

用麻花钻钻孔前需要对麻花钻进行刃磨，麻花钻组成部分的几何形状较复杂，受工件各种孔的形状的限制，需要在麻花钻主切削刃上磨出各种角度。

三、知识链接

1. 麻花钻及其修磨

用钻头在实体材料上加工孔的方法叫做钻孔，钻孔的精度一般可达 IT11 ~ IT12 级。

（1）麻花钻的几何形状

麻花钻的几何形状如图 3—1 所示。如图 3—2 所示为平底钻头的几何形状。如图 3—2a 所示为用中心有定位尖的平底钻头钻孔，如图 3—2b 所示为底平面全平钻头。

（2）麻花钻的主要几何角度

1）前角。主切削刃上任一点的前角是过该点的基面与前面之间的夹角。麻花钻前角的大小与螺旋角、顶角、钻心直径等因素有关，其中影响最大的是螺旋角。由于螺旋角是随直径的大小而改变的，所以主切削刃上各点的前角也是变化的，靠近外缘处前角最大，自外缘向中心逐渐减小，大约在 1/3 钻头直径以内开始为负前角，前角的变化范围为 +30° ~ −30°。

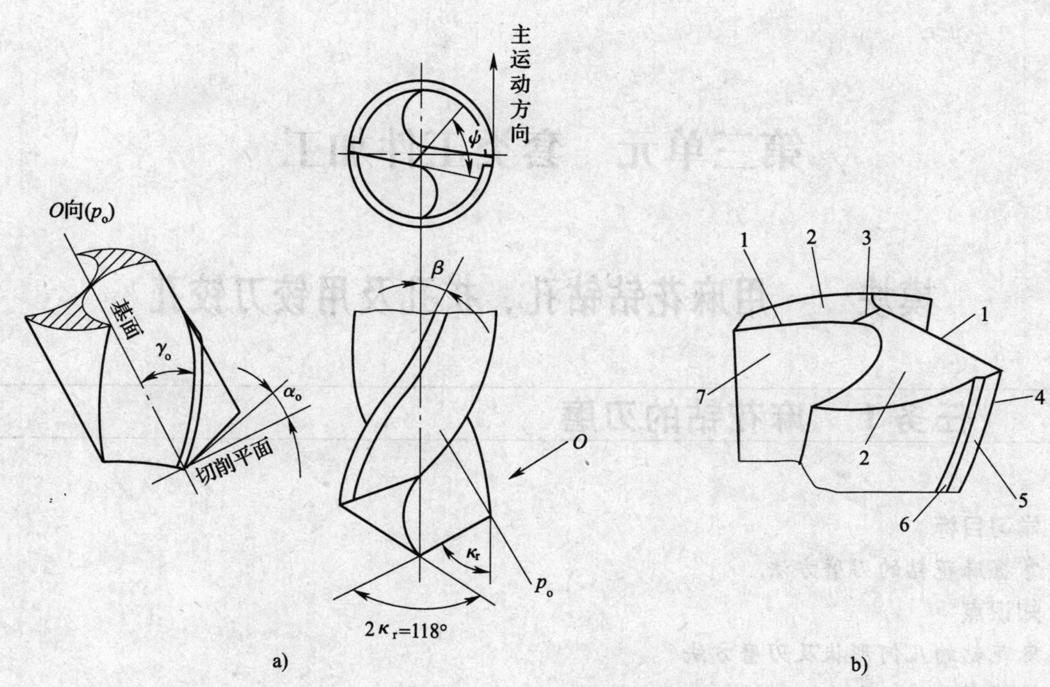

图 3—1　麻花钻的几何形状

a）麻花钻的角度　b）麻花钻的外形

1—主切削刃　2—主后面　3—横刃　4—副切削刃　5—副后面　6—棱边　7—前面

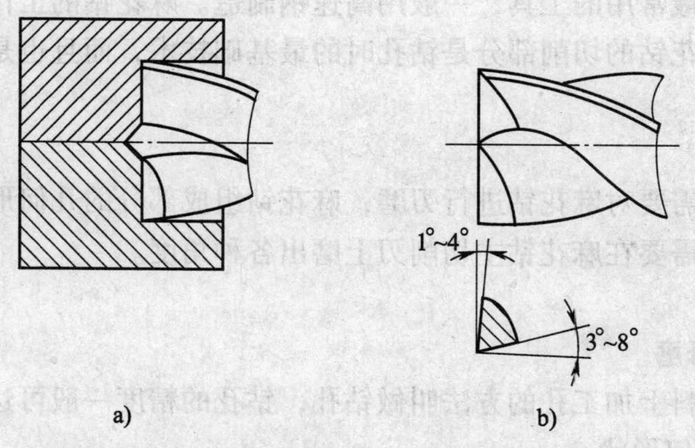

图 3—2　平底钻头的几何形状

a）用中心有定位尖的平底钻头钻孔　b）底平面全平钻头

2）后角。主切削刃上任一点的后角是过该点的切削平面与主后面之间的夹角。后角也是变化的，靠近外缘处最小，接近中心处最大，变化范围为 8°～14°。

3）横刃。两个主后面的交线，也就是两条主切削刃的连接线。横刃太短会影响麻花钻的钻尖强度；横刃太长会使轴向力增大，对钻削不利。

4）棱边。棱边也称韧带，是麻花钻的导向部分。在切削过程中能保持钻削方向、修光孔壁以及作为切削部分的后备部分。棱边的损坏会导致钻削不利，严重时会使钻头折断。

四、训练课题

刃磨麻花钻。麻花钻的外形如图 3—3 所示。

图 3—3　麻花钻的外形

五、训练指导

麻花钻的刃磨质量直接影响钻孔质量和钻削效率。虽然麻花钻一般只刃磨两个主后面，但须同时磨出顶角、后角和横刃斜角，并需修磨横刃。

1. 刃磨主后面时，要两手握住钻头，右手握住钻头的头部，左手握住其柄部，如图 3—4 所示。钻尾上下摆动的同时向前进给，磨出主后面，并保证刃磨时主切削刃不能因过热（磨煳）而退火。

2. 后角是切削平面与主后面的夹角，为了测量方便，后角在圆柱截面内测量，麻花钻后角的测量如图 3—5 所示。

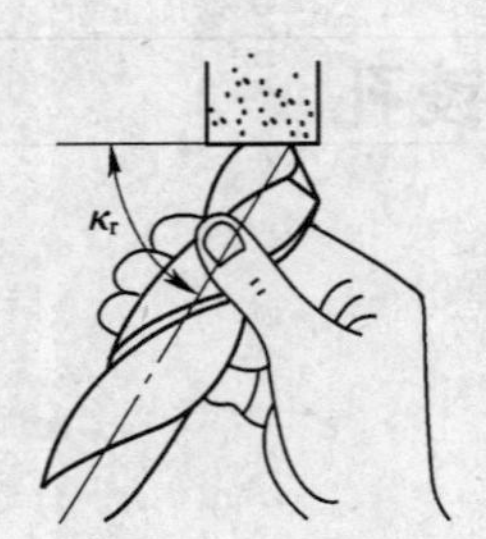

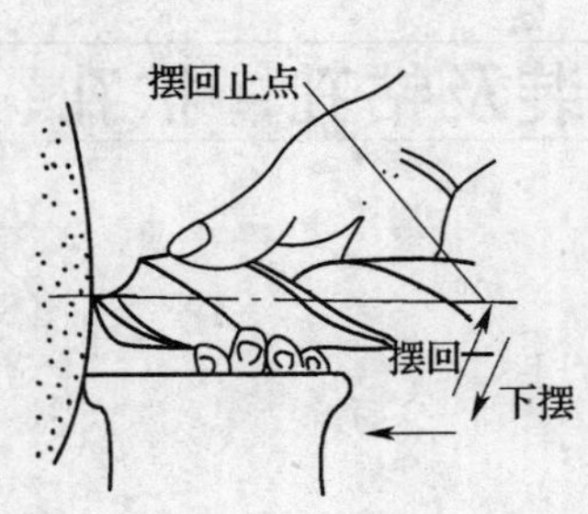

图 3—4　刃磨主后面

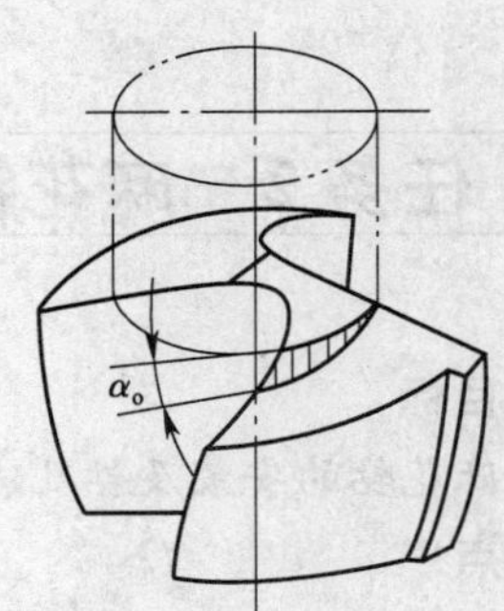

图 3—5　麻花钻后角的测量

3. 横刃是麻花钻两个主后面的交线。标准麻花钻的横刃较长，且横刃处的前角存在较大的负值。在钻孔时，横刃处的切削为挤刮状态，钻削阻力大。同时，因横刃太长，没有形成钻尖的定心作用，钻头容易抖动。因此，应修短横刃，以便于定心和减小轴向抗力，同时适当增大横刃处的前角，使切削顺利。修磨横刃的方法如图 3—6 所示，修磨横刃时钻头上的磨削点由外刃背逐渐向钻心移动，磨到横刃后，使横刃缩短，在横刃处改变前角。注意横刃不要磨得太尖、太薄。横刃修磨后的效果如图 3—7 所示。

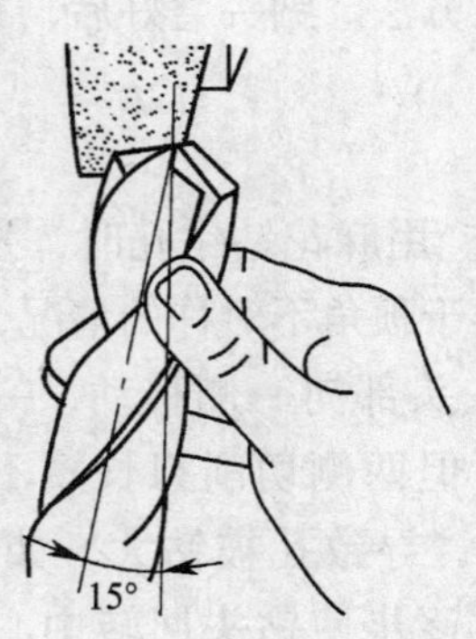

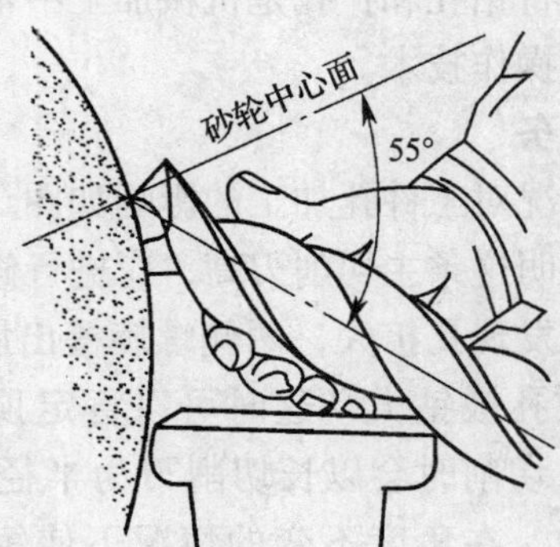

图 3—6　修磨横刃的方法

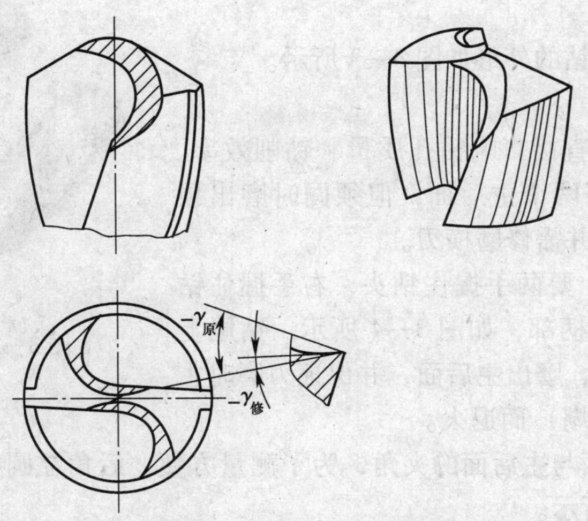

图 3—7　横刃修磨后的效果

任务 2　麻花钻的安装及钻孔、扩孔、铰孔

学习目标

掌握麻花钻的安装及钻孔、扩孔的方法

知识点

①钻孔的方法

②铰刀

③扩孔、铰孔的方法及铰刀的选用方法

④切削液的相关知识

技能点

①能够对麻花钻进行刃磨后的修磨

②能够在车床上进行钻孔、扩孔和铰孔

一、明确任务

用麻花钻进行钻孔和扩孔是机械加工中常用的加工方法。钻头磨好后，在钻孔和扩孔过程中也涉及许多操作技术。

二、实施任务

钻头刃磨情况对工件孔加工的影响如图 3—8 所示。用麻花钻钻孔时，发现一侧主切削刃下屑，那么说明这条主切削刃高，应进行修磨，这属于顶角不对称的情况，如图 3—8b 所示。钻孔时，若发现孔扩大，两侧螺旋槽出屑，但钻头头部向一侧移动，一侧的棱边与孔出现间隙，导致孔被钻大，这时可以肯定顶角对称，但两侧切削刃长短不一致，钻头中心已偏向一侧，切削时会以长切削刃为半径钻出孔径，导致孔被钻大，如图 3—8c 所示，这时应修磨短边，在角度不变的情况下使短边变长，逐步使钻头回转中心与工件回转中心重合。

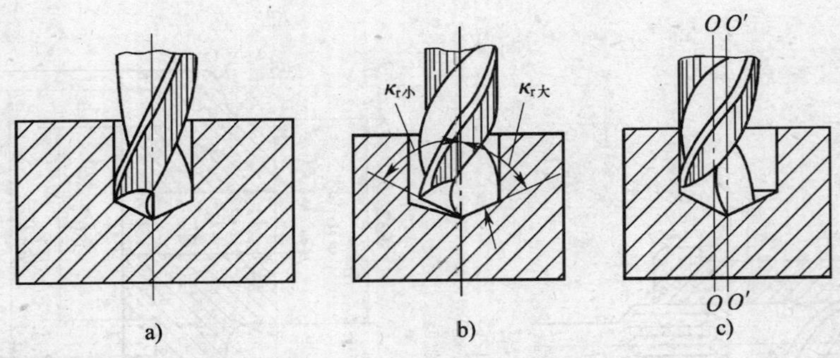

图 3—8　钻头刃磨情况对工件孔加工的影响

a）正确　b）顶角不对称　c）切削刃长度不等

在钻孔时，若钻头不定心产生晃动，也会影响钻孔质量，造成孔轴线歪斜，即孔被钻歪，如图 3—9 所示。此时，应采用如图 3—10 所示的方法，用一根硬棒顶住钻头头部，防止其晃动，使钻头定心后再撤回硬棒。

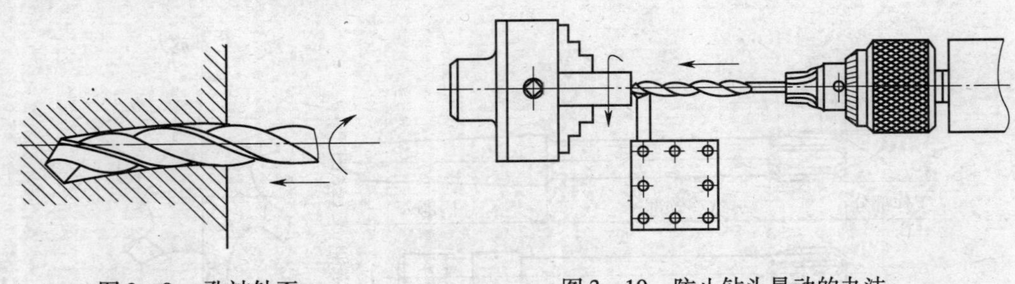

图 3—9　孔被钻歪　　　　图 3—10　防止钻头晃动的办法

三、知识链接

扩孔主要用于半精加工，如铰孔前的加工；也可用于精度不高的孔的精加工。在钻孔时，由于产生孔不正、孔扩大、孔表面粗糙等因素，钻孔后直接进行精加工有一定难度，可能会出现废品。这时应先进行扩孔。扩孔时除采用标准的高速钢和硬质合金扩孔钻外，也可采用普通钻头扩孔。扩孔的前提是：孔不正时要采用具有一定刚度的较粗的钻头扩孔，再采用剩余量较少的钻头扩孔；如孔正，可直接采用剩余量较少的钻头扩孔，随后再铰孔，如图 3—11 所示。

例如，欲加工 ϕ25 mm 的内孔，已钻孔至 ϕ23 mm，再用 ϕ24.6 ~ 24.7 mm 的钻头扩孔，留 0.3 ~ 0.4 mm 的铰削余量。在扩孔钻的棱边与主切削刃相交尖处磨出过渡刃，有助于孔表面粗糙度值的降低。

四、训练课题

按图 3—12 所示的要求铰孔。

五、训练指导

1. 铰刀的选择

铰孔是精加工孔的方法之一。铰刀由工作部分、颈部及柄部组成，如图 3—13 所示。铰刀的切削刃要锋利，无崩刃和毛刺、碰伤等缺陷。否则，内孔质量不好，将造成废品。

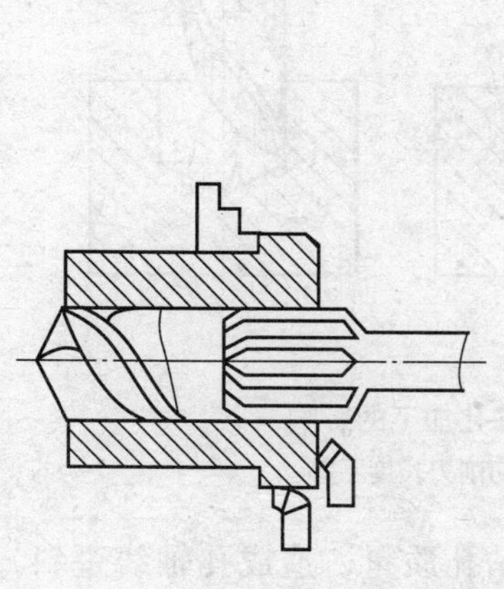

图 3—11　扩孔和铰孔

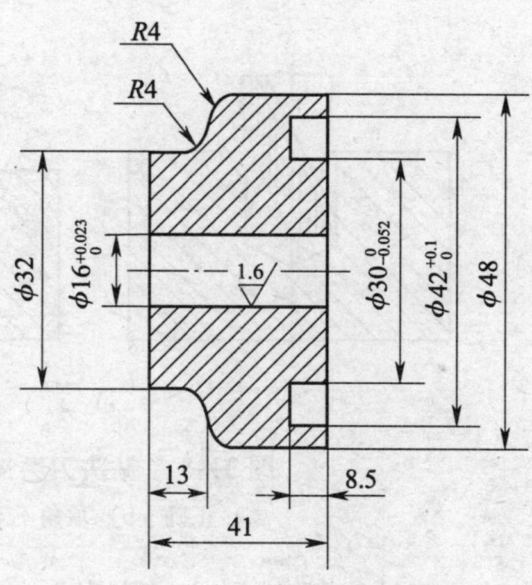

图 3—12　铰孔工件

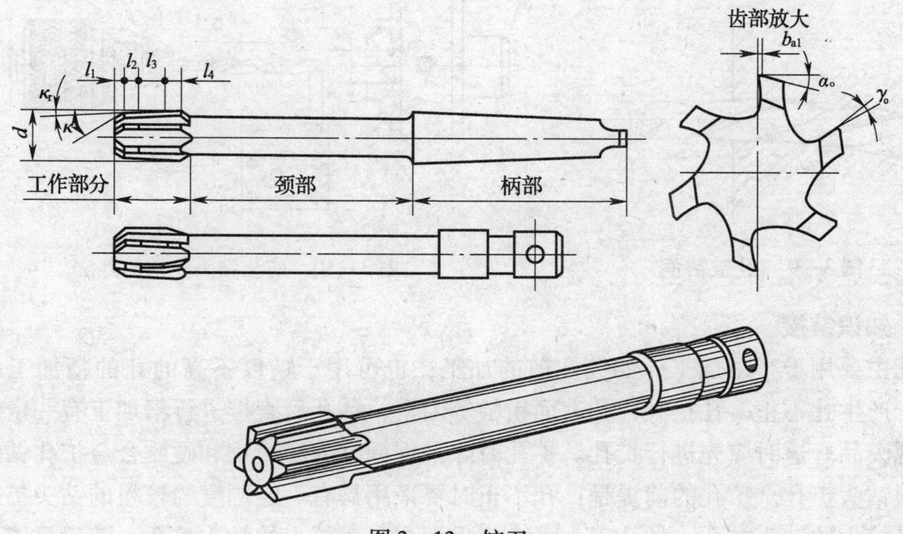

图 3—13　铰刀

2. 铰刀的装夹

一般铰孔时将铰刀安装在尾座套筒的锥孔中，摇尾座手轮即可铰孔，但安装后的铰刀对准主轴中心比较困难。也可采用浮动套筒装置或快换夹头装置。

3. 铰削余量及铰削速度

铰孔时，应控制铰削余量，并且注入切削液，切削液对孔的质量（孔径大小与孔的表面粗糙度）影响很大，不同的材料应选择不同的切削液。一般在企业中，铰削钢件时选用机油 + 氯化石蜡；铰削铸铁件时选用煤油；另外在铰削钢件时还可选用豆油等植物油，其润滑性能比矿物油好，工件更光滑，易于切削。铰削时切削速度一般在 0.1 m/s 以下。

模块二　套类工件的加工及测量

任务1　内孔车刀的刃磨与安装

学习目标

内孔车刀的刃磨和安装

知识点

①内孔车刀的形式、用途知识

②内孔车刀的刃磨、装夹知识

③切削液的相关知识

技能点

能够对内孔车刀进行刃磨和安装

一、明确任务

内孔车刀是孔加工中最常用的刀具。内孔车刀同外圆刀一样，也有各种形状之分。内孔车刀又有其自己独立的特点，刃磨时比外圆车刀难度加大。

二、实施任务

加工前要进行必要的刀具的准备与刃磨，刀具代号、形式和名称见表3—1。

表3—1　　**刀具代号、形式和名称**

代号	形式	名称	代号	形式	名称
16	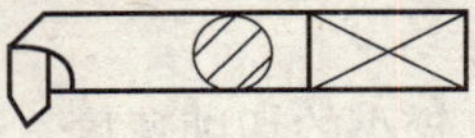	内螺纹车刀	13	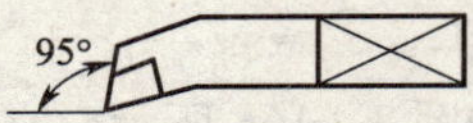 95°	95°内孔车刀
17	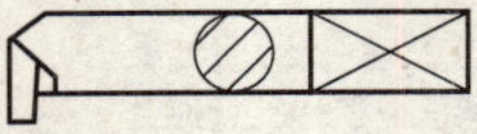	内孔车槽刀	14	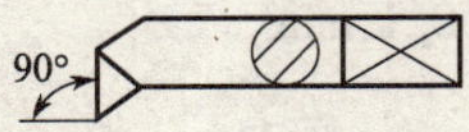 90°	90°内孔车刀
12	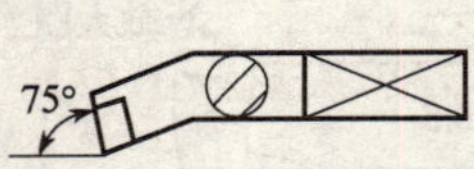 75°	75°内孔车刀	15	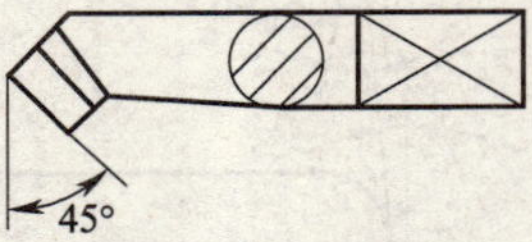 45°	45°内孔车刀

三、知识链接

1. 套类工件加工刀具

加工套类工件时主要需完成端面及内孔、外圆等车削步骤，要磨削必要的刀具进行加工。车削外圆时用90°车刀，车削端面时用45°车刀，切断时用切断刀，这些刀具以前已介绍过，这里不再赘述。车削简单套类工件的车刀如图3—14所示，其中内孔车刀如图3—14d所示，钻削内孔用的麻花钻如图3—14e所示，铰削内孔用的铰刀如图3—14f所示。

内孔车刀是用来车削毛坯孔、锻造孔、铸造孔、钻头钻出孔的刀具，经过内孔车刀的车削后，内孔的精度达到图样要求。

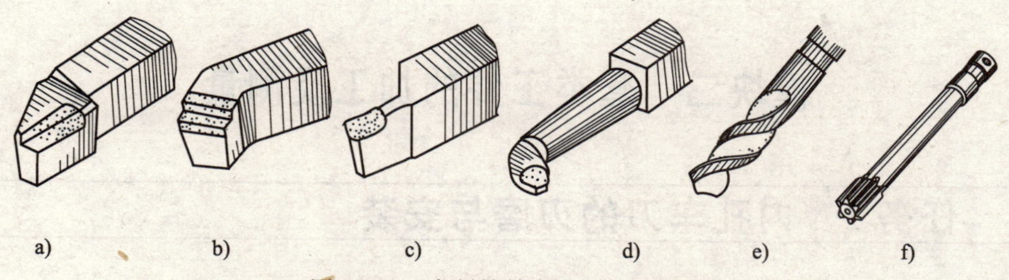

图 3—14　车削简单套类工件的车刀

a）外圆车刀　b）端面车刀　c）切断刀　d）内孔车刀　e）麻花钻　f）铰刀

2. 内孔车刀的后角

车削内孔时，刀尖除与主轴轴线等高外，在刃磨车刀时，为了防止内孔车刀的后面与孔壁发生摩擦，一般须磨成两个后角，如图 3—15a 所示；或随内孔的形状磨成圆弧状，以防止车刀后面与孔壁相碰，如图 3—15b 所示。粗车时，为了提高刀具的刚度，可增大刀柄的直径，刀尖可略高于主轴轴线。

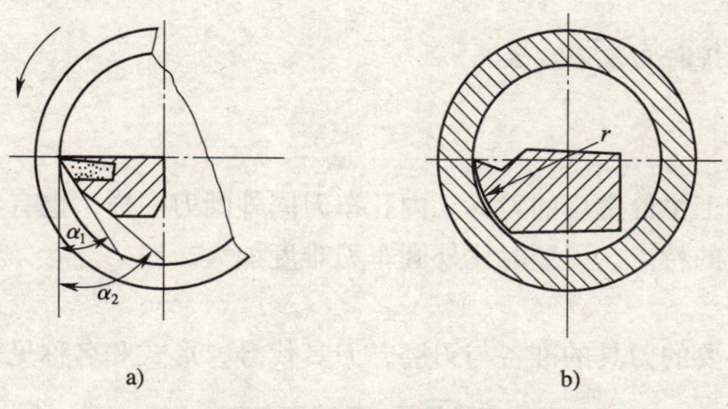

图 3—15　内孔车刀后角的刃磨状态

3. 精车孔车刀

精车孔车刀如图 3—16a 所示，它由高速钢制成，一般取较小的切削速度，$v_c \leq 5$ m/min 时，背吃刀量 $a_p < 0.1$ mm。

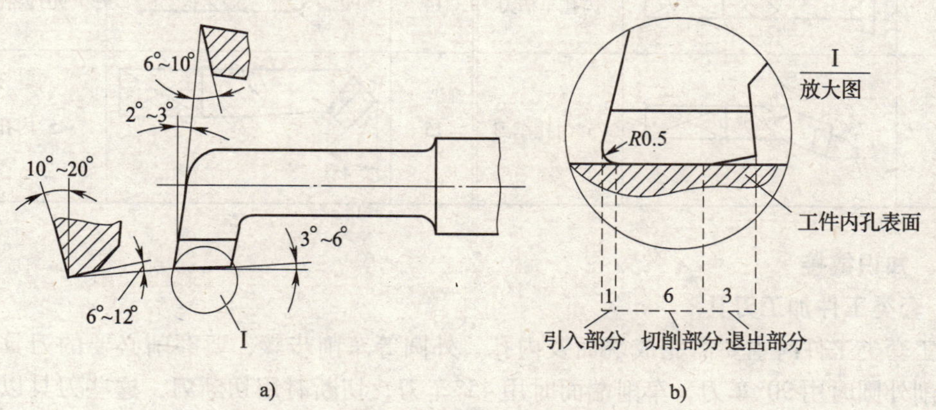

图 3—16　精车孔车刀

进给量视主切削刃的宽度而定，一般主切削刃宽时，进给量可大些；反之则小些。精车孔车刀刃磨后需要用油石研磨主切削刃。主切削刃的放大图如图 3—16b 所示，可见主切削刃宽度不等于刀宽，应由引入部分、切削部分、退出部分三部分组成。引入部分的作用是使

刀尖逐渐进入切削状态，不能产生“扎刀”现象或在刀尖切削时留下进给痕迹；切削部分的作用是精细车削工件表面，不能太宽，不然切削不顺利（俗称不爱下屑）；退出部分的作用是防止切削刃刮伤工件表面，要逐渐使切削刃退出，三部分的参考尺寸如图3—16b所示。

4. 沟槽车刀

沟槽车刀如图3—17所示。内沟槽车刀常用来车削内沟槽，如退刀槽、密封槽、定位槽、存油槽等。

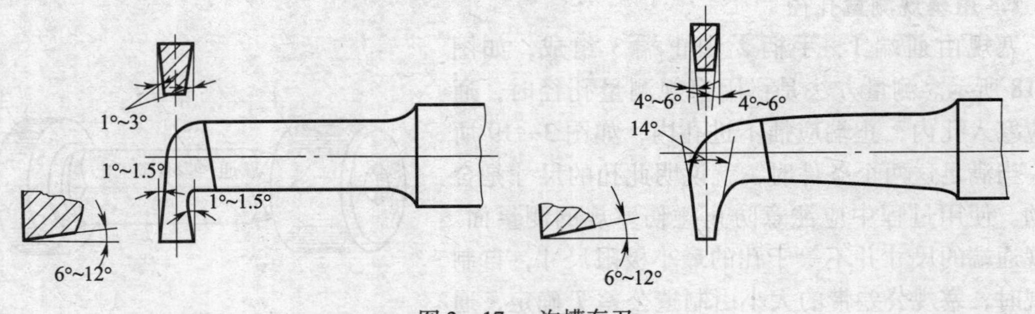

图3—17　沟槽车刀

四、训练课题

刃磨内孔车刀。

五、训练指导

1. 安装内孔车刀

安装内孔车刀时同外圆车刀一样，刀尖应对准工件中心，尤其车平底孔时更要如此；否则，底面车不平，刀尖容易损坏。内孔车刀的进刀、退刀方向同外圆车刀相反。车内孔时要注意刀柄与内孔在全长上不能接触并产生摩擦。

2. 工件的装夹

注意选择规则的外表面装夹工件，以确保其牢固。较长的套类工件可采用卡盘夹住一端，另一端用尾座顶尖支撑，即采用一夹一顶的方法。粗车外圆后，再钻孔进行内孔的粗加工，随后再重新进行装夹，半精车、精车工件。粗车时要将工件大部分的加工余量尽快车掉，目的是未进入精加工之前应提高效率，并且可消除工件内部的残余应力以及热变形对工件造成的影响。

任务2　孔径的测量

学习目标

掌握用内径百分表或塞规等测量孔径的技术

知识点

①内卡钳、自制塞规的相关知识

②用内径百分表测量工件的方法

技能点

能够用内径百分表或塞规等测量孔径

一、明确任务

在工件内孔的加工中，如内孔尺寸精度要求较高，可用内径百分表等进行测量，掌握内径百分表的测量技术后，加工工件时可以提高工件质量和生产效率。

二、实施任务

用塞规、内卡钳和内径百分表测量孔径。

三、知识链接

1. 用塞规测量孔径

塞规由通端 1、手柄 2 和止端 3 组成，如图 3—18 所示。测量方法是：用塞规测量孔径时，通端应塞入孔内，止端应插不进孔内，如图 3—19 所示。当满足这两个条件时，就说明此孔的尺寸是合格的。使用过程中应注意防止碰伤塞规的测量面。塞规通端的尺寸并不等于孔的最小极限尺寸，自制塞规时，塞规公差带的大小由制造公差 T 确定，通端公差带的位置由位置要素 Z 确定（Z——通规尺寸公差带中心至零件最大实体尺寸间的距离）。

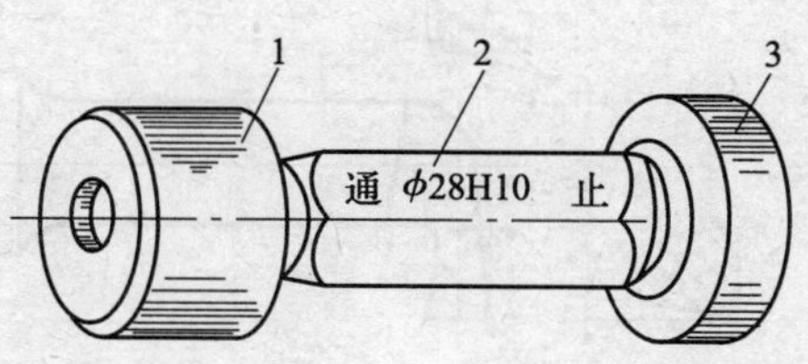

图 3—18 塞规

1—通端 2—手柄 3—止端

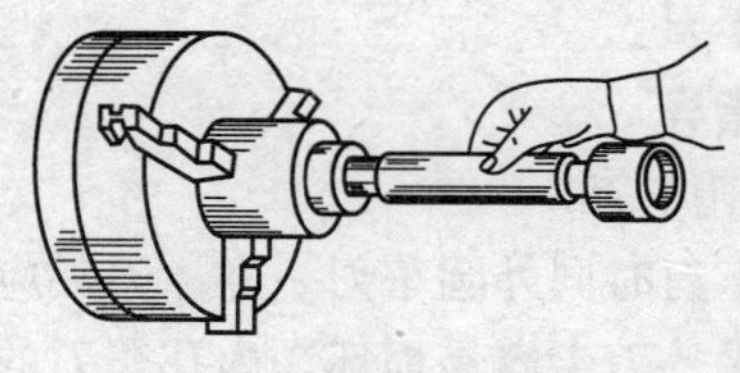

图 3—19 用塞规测量孔径

a）用通端测量 b）用止端测量

2. 用内卡钳测量孔径

使用内卡钳测量孔径适用于孔口试切削、止口较窄、孔较深等情况。测量时，一般采用单脚或双脚跳动测量。如图 3—20 所示为用内卡钳单脚测量孔径。一只脚固定在 C 点，另一只脚在孔中左右摆动，可以按下式计算出允许的摆动距离 S：

$$S = \sqrt{8de}$$

式中 d——孔的最小极限尺寸（按下偏差对内卡钳尺寸），mm；

e——孔的公差范围，mm。

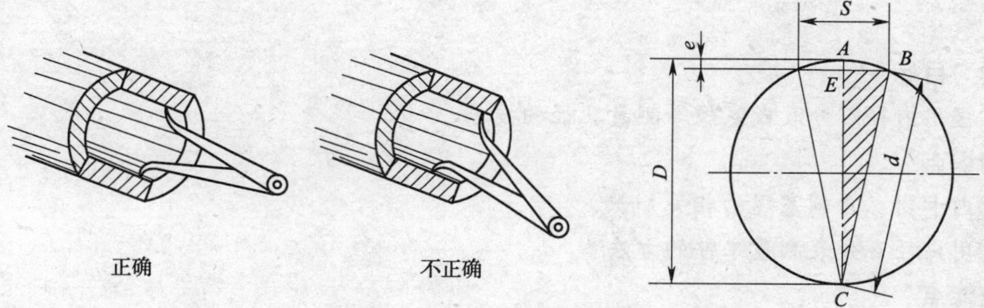

图 3—20 用内卡钳单脚测量孔径

用内卡钳与千分尺对照尺寸时，应是千分尺尺寸值减小 0. 01 mm，内卡钳在千分尺中摩擦较紧；当千分尺尺寸值增加 0. 01 mm 时，内卡钳在千分尺中无摩擦（即碰不到）。精度较高时，可用千分尺尺寸增减 0. 005 mm 校对内卡钳。

3. 用内径百分表（或千分表）测量孔径

百分表如图 3—21 所示。内径百分表（见图 3—22）是将百分表装夹在测架 1 上，触头 6 通过摆动块 7、杆 3，将测量值一比一传递给百分表。固定测量头 5 可根据孔径的大小更换。为了便于测量，测量头旁装有定心器 4。测量力由弹簧 2 产生。

套类工件的内径尺寸常用内径百分表进行测量。要经常用千分尺对内径百分表进行校对，以防止各种因素对尺寸精度的影响。然后，用校对好的内径百分表对内孔进行测量。取孔轴向的最小极限尺寸为内径百分表的零位尺寸。表杆摆动形成的平面应与孔轴线平行（并包含孔轴线），这样才能测出真值。例如，用千分尺 ϕ28. 00 mm 的尺寸将内径百分表找正零位后，方可进行 ϕ28. 00 mm 孔径的测量。如图 3—23 所示为内径百分表的测量方法。

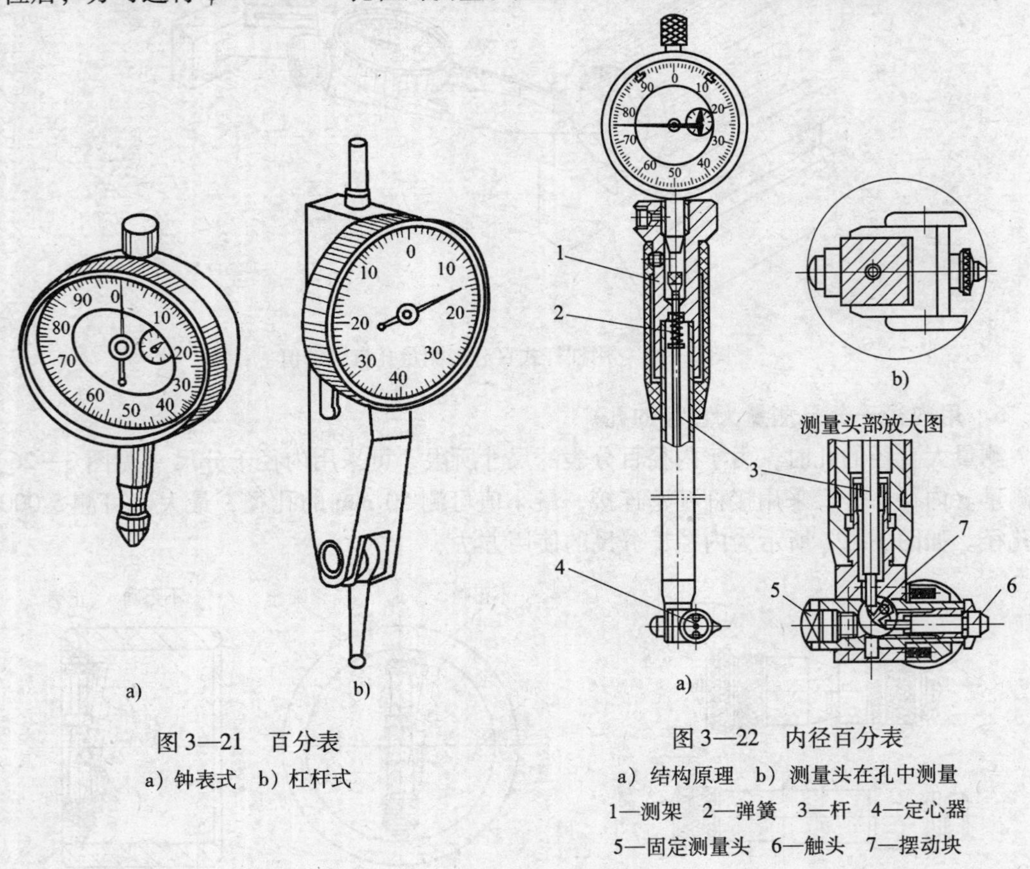

图 3—21 百分表

a）钟表式 b）杠杆式

图 3—22 内径百分表

a）结构原理 b）测量头在孔中测量

1—测架 2—弹簧 3—杆 4—定心器

5—固定测量头 6—触头 7—摆动块

4. 游标深度尺及其测量方法

一般用游标深度尺测量孔的深浅比较准确。将游标深度尺两端的基准面紧靠在工件端面上，将尺身徐徐推入孔内，测量孔的深度。游标深度尺如图 3—24 所示。

5. 用杠杆式百分表测量孔径

如图 3—25 所示为用杠杆式百分表测量孔口跳动值。杠杆式百分表反映尺寸的晃动量一般只有几毫米，主要用于测量跳动量。

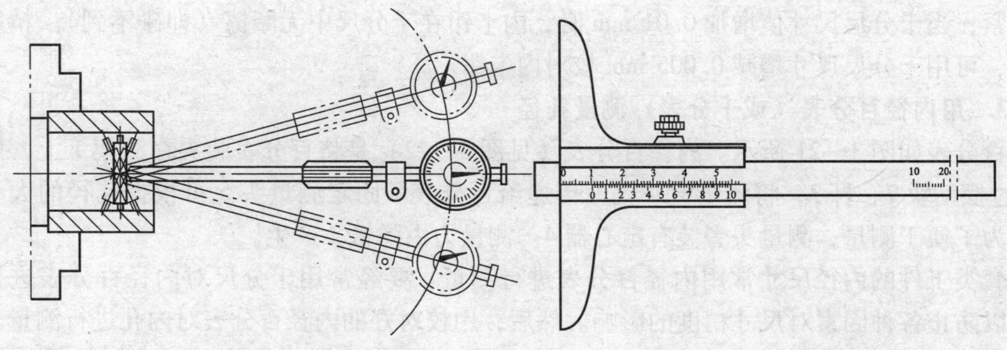

图 3—23　内径百分表的测量方法　　　　图 3—24　游标深度尺

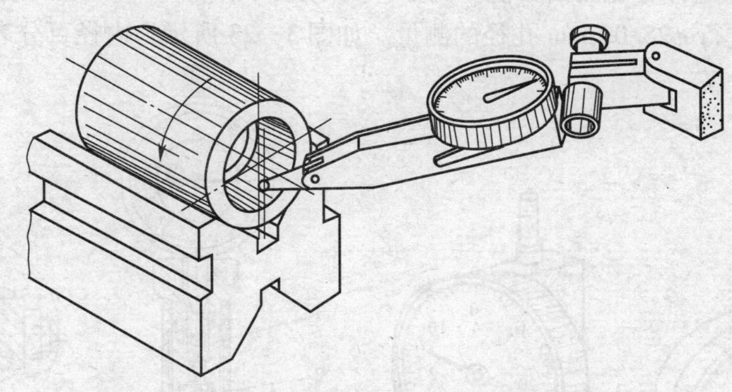

图 3—25　用杠杆式百分表测量孔口跳动值

6. 用内径千分尺测量大直径的孔

测量大直径的孔时，由于内径百分表的尺寸所限，可采用内径千分尺（见图 3—26）进行测量。内径千分尺采用接杆精密连接，最小值可测 50 mm 的孔径，最大值可测 5 000 mm 的孔径。如图 3—27 所示为内径千分尺的使用方法。

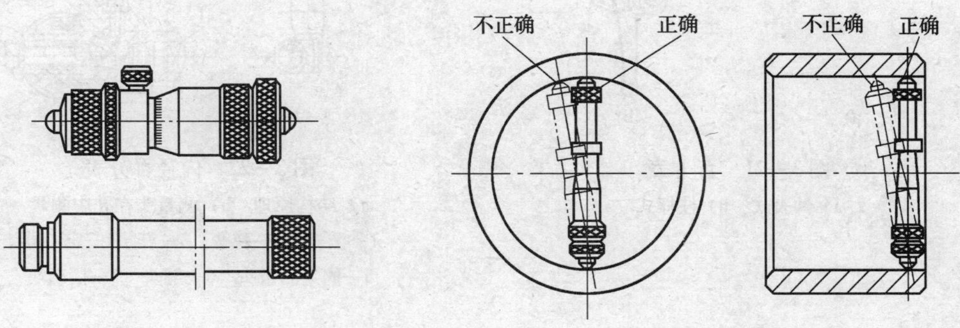

图 3—26　内径千分尺

图 3—27　内径千分尺的使用方法
a）在直径方向找出最大尺寸
b）在轴向找出最小尺寸

7. 用三爪内径千分尺测量孔径

测量准确度要求较高时，可用如图 3—28 所示的三爪内径千分尺直接测量孔径。

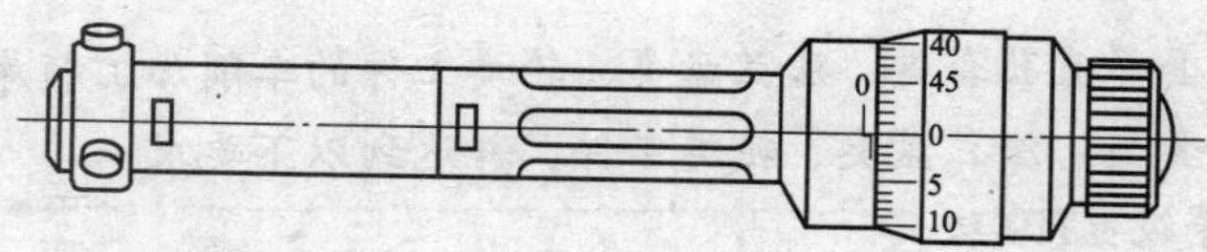

图 3—28　三爪内径千分尺

四、训练课题

加工如图 3—29 所示的套并进行测量。

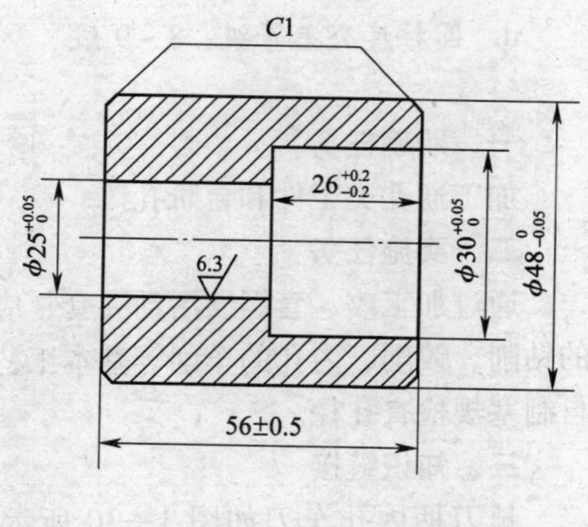

图 3—29　套

五、训练指导

1. 量具准备

准备 25 ~ 50 mm 的千分尺，18 ~ 35 mm 的内径百分表，用千分尺校对内径百分表的零位。将内径百分表伸入 $\phi25^{+0.05}_{0}$ mm 及 $\phi30^{+0.05}_{0}$ mm 的孔内，测量公差值。或者可用千分尺校对内卡钳，以 ±0.01 mm 校对公称尺寸零位，测量 $\phi25^{+0.05}_{0}$ mm 及 $\phi30^{+0.05}_{0}$ mm 的孔径。

2. 注意事项

（1）钻孔时需用乳化液冷却。

（2）铰孔时需用切削油润滑。

（3）操作禁忌：用砂布抛光孔时，手不能伸入孔内。

3. 重点提示

（1）麻花钻横刃及横刃处前角是重要的但非常难刃磨的区域，应逐步练习。

（2）扩孔时如果修磨好主切削刃与棱边的交点，小孔表面粗糙度 R_a 值可达 1.6 μm。

（3）钻孔时需注意两头，开始时要稳、要慢，等横刃、主切削刃钻入工件后可按正常进给量钻孔；孔快钻透时，当横刃即将不参加切削时，钻头轴向力减小，应及时减小钻头的进给量，以防止钻头折断。

（4）高速钢内孔车刀的主切削刃应注重磨出引入的过渡刃、修光刃和退出的副偏角，并研磨修光刃。

（5）有修光刃的刀具应注意装夹方法和进给量的选择。

任务 3　制定短衬套等零件的加工顺序并装夹及加工

学习目标

掌握短衬套等零件的加工技术

知识点

①直孔套类工件的装夹和车削方法

②加工直孔套类工件时切削用量的选择

③车内孔的关键技术要点

技能点

①能制定短衬套等直孔套类、法兰盘类、轮类工件的车削加工顺序

②能车削直孔套类、法兰盘类、轮类工件，并达到以下要求：

a. 轴径公差等级：IT9 级

b. 孔径公差等级：IT10 级

c. 表面粗糙度：$R_a \leqslant 3.2$ μm

d. 圆柱度公差等级：8~9 级

一、明确任务

加工通孔类工件和台阶孔。

二、实施任务

通过加工攻、套螺纹活动夹套，应初步掌握内孔刀具的刃磨方法，工件的装夹以及工件的钻削、铰削、内孔的车削等基本工艺知识。掌握加工台阶孔和通孔以及车槽的技术，并能自制塞规检查孔径。

三、知识链接

长刀柄内孔车刀如图 3—30 所示。这种长刀柄装刀头的内孔车刀主要适用于小孔、深孔的车削，刀头可更换。如图 3—30a，b，c 所示分别为通孔刀柄、平底孔刀柄和方形刀柄。

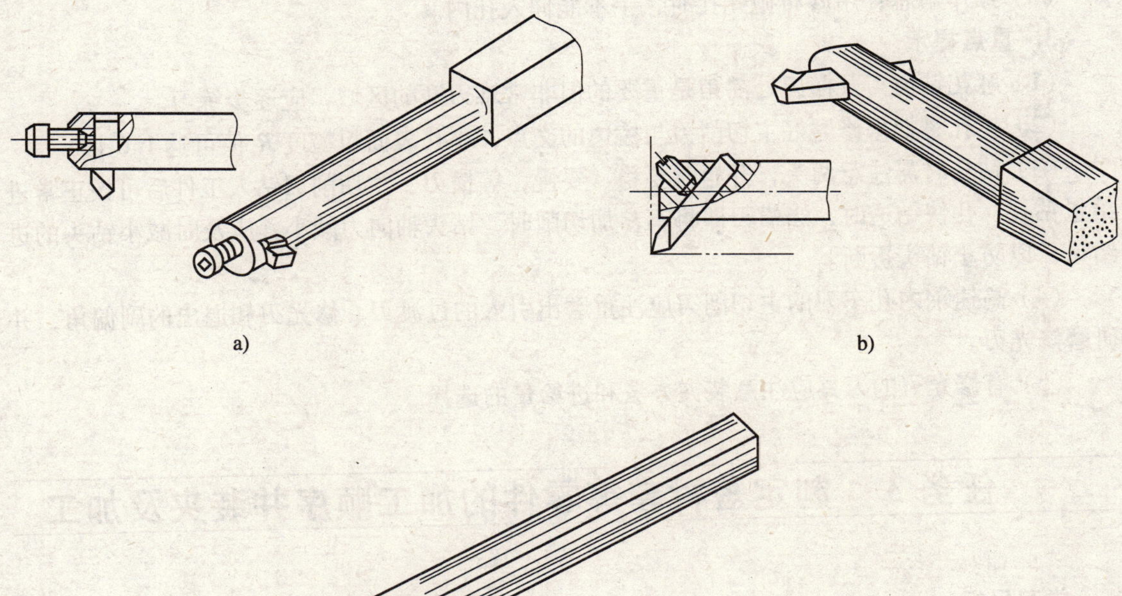

图 3—30　长刀柄内孔车刀

a）通孔刀柄　b）平底孔刀柄　c）方形刀柄

四、训练课题

加工攻、套螺纹活动夹套：

1. 审图

按图 3—31 所示的要求加工攻、套螺纹活动夹套（注：此件加工后，用于装配如图 7—30 所示的攻、套螺纹工具）。

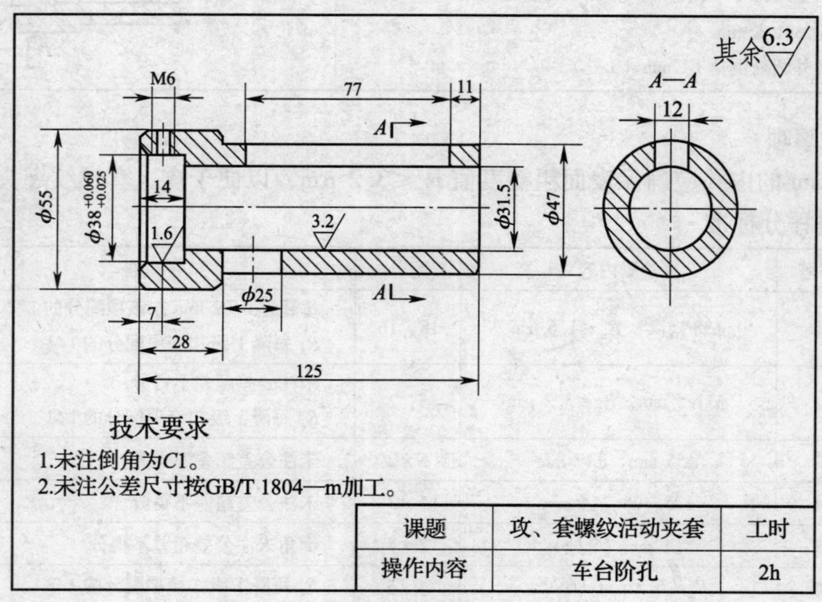

图 3—31　攻、套螺纹活动夹套

2. 材料

45 钢，尺寸为 58 mm × 128 mm 的棒料。

3. 设备

CA6140 型车床（三爪自定心卡盘），相应的卡盘扳手和刀架扳手各一副。

4. 工装

90°车刀，45°车刀，90°内孔车刀，ϕ29 mm 的钻头及钻夹具，游标卡尺 0.02 mm/（0 ~ 150 mm），千分尺 0.01 mm/（25 ~ 50 mm），内卡钳 1 只。

五、训练指导

1. 操作步骤及加工简图

操作步骤	加工简图
1. 用三爪自定心卡盘夹住一端，夹持长度为 25 mm （1）将右端面车平，钻 ϕ29 mm 的孔 （2）车外径 ϕ47 mm、长 97 mm 至尺寸 （3）内孔及外圆处倒角 C1 mm	

续表

操作步骤	加工简图
2. 将工件掉头，夹住 ϕ47 mm 的外圆，夹持长度为 80 mm (1) 车左端面，控制尺寸 125 mm (2) 车外径 ϕ55 mm (3) 粗、精车内孔 $\phi38^{+0.060}_{+0.025}$ mm，深 14 mm 至尺寸 (4) 车内孔 ϕ31.5 mm (5) 内孔及外圆处倒角 C1 mm（3 处）	

2. 注意事项

ϕ31.5 mm 的内孔应确保表面粗糙度值 $R_a \leqslant 3.2$ μm，以便于攻、套螺纹夹头在内滑动。

3. 课题评分标准

项目	序号	检测内容	配分	扣分标准	得分
内孔	1	$\phi38^{+0.060}_{+0.025}$，$R_a \leqslant 1.6$ μm	18，16	每超差 0.02 mm 扣该项配分的 1/2 R_a 每降 1 级扣该项配分的 1/2	
	2	ϕ31.5 mm，$R_a \leqslant 3.2$ μm	5，2	未注公差超差不得分 R_a 每降 1 级扣该项配分的 1/2	
外圆	3	ϕ55 mm，ϕ47 mm	5×2	未注公差超差不得分	
长度	4	125，28，14 mm	5×3	未注公差超差不得分	
其他	5	C1 mm（5 处）	2×5	倒角未注公差超差不得分	
	6	$R_a \leqslant 6.3$ μm（6 处）	4×6	R_a 每降 1 级扣该项配分的 1/2	
合计			100		

姓名		操作时间	时 分始 时 分止	日期		考评教师	

任务 4　制定定位套等零件的加工顺序并装夹及加工

学习目标

掌握定位套等零件的加工技术

知识点

①平底孔、盲孔零件的装夹和车削方法

②加工平底孔、盲孔零件时切削用量的选择

③车内孔的关键技术要点

技能点

①能制定定位套等平底孔、盲孔零件的车削加工顺序

②能车削平底孔、盲孔零件，并达到以下要求：

a. 轴径公差等级：IT9 级

b. 孔径公差等级：IT10 级

c. 表面粗糙度：$R_a \leqslant 3.2$ μm

d. 圆柱度公差等级：8～9 级

一、明确任务

加工平底孔、盲孔、台阶孔零件。

二、实施任务

通过加工定位套，应初步掌握加工平底孔、盲孔、台阶孔的内孔刀具的刃磨方法，工件的装夹以及工件的钻削、铰削、内孔的车削等基本工艺知识。

三、知识链接

常规刀体内孔车刀如图 3—32 所示。这种车刀主要用于大孔、短孔的车削，由于刚度高，一般粗车刀和精车刀头部为硬质合金刀片。如图 3—32a 所示为通孔车刀，主偏角 κ_r 为 60°～75°；图 3—32b 所示为平底孔车刀，主偏角 κ_r >90°。

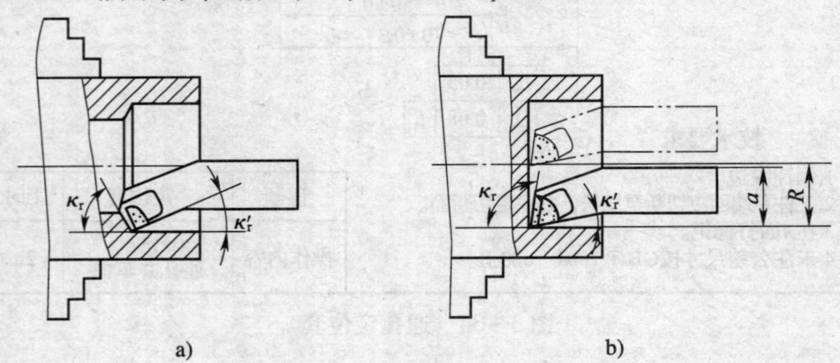

图 3—32 常规刀体内孔车刀

a）通孔车刀 b）平底孔车刀

四、训练课题

1. 加工定位套前的准备工作

（1）按图 3—33 所示的要求加工平底孔定位套。

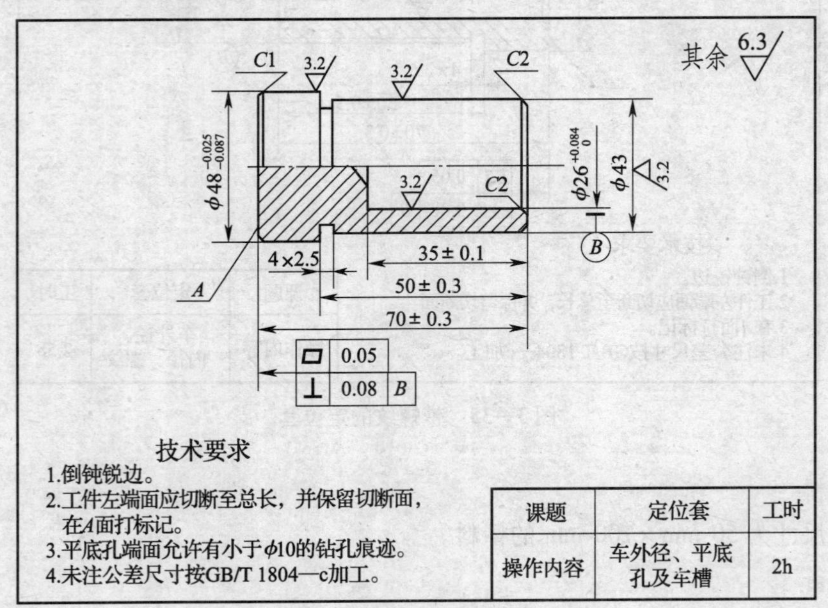

课题	定位套	工时
操作内容	车外径、平底孔及车槽	2h

图 3—33 平底孔定位套

（2）按图 3—34 所示的要求加工通孔定位套。

如图 3—34 所示的通孔定位套是在平底孔定位套训练基础上继续车削通孔后得到的。此件加工通孔后可继续加工 M42×2 的螺纹部分，得到如图 3—35 所示的带螺纹的定位套。

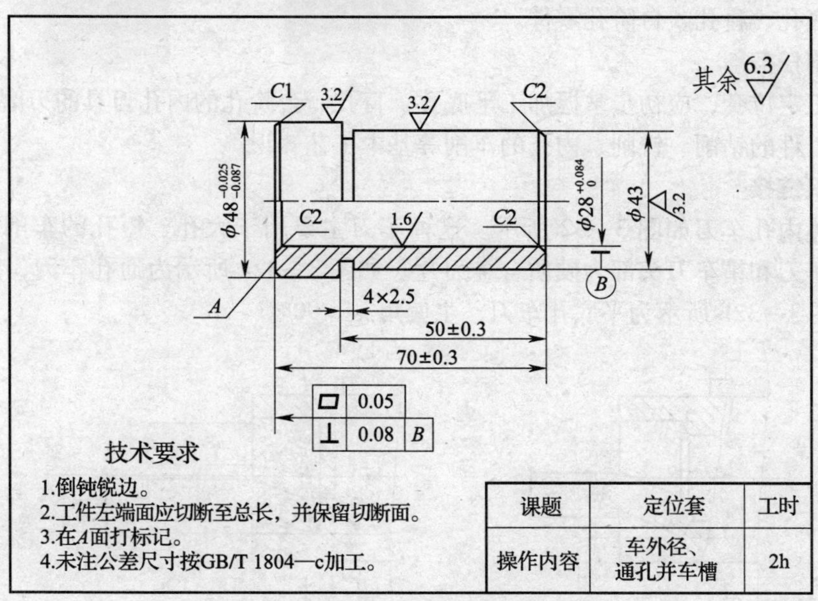

课题	定位套	工时
操作内容	车外径、通孔并车槽	2h

图 3—34　通孔定位套

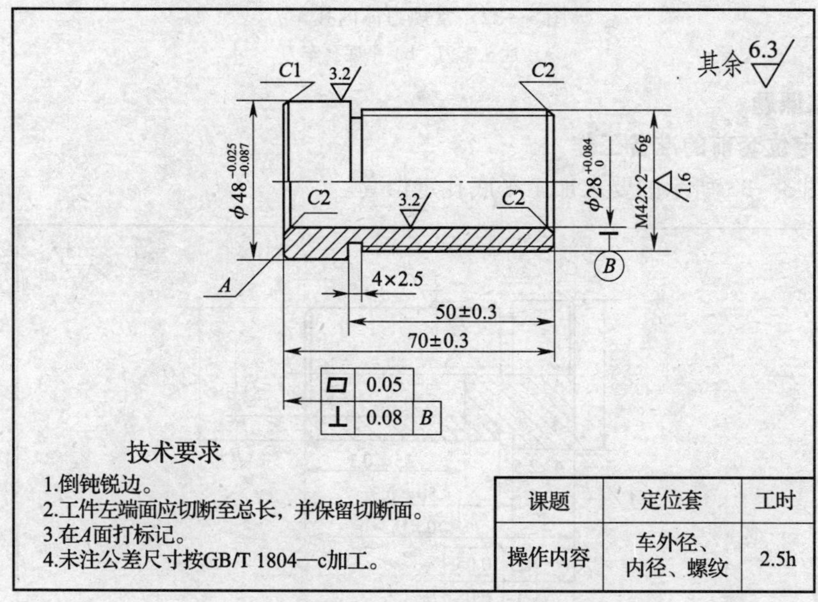

课题	定位套	工时
操作内容	车外径、内径、螺纹	2.5h

图 3—35　带螺纹的定位套

（3）材料

45 钢，尺寸为 50 mm×100 mm 的棒料。

（4）设备

CA6140 型车床（三爪自定心卡盘），相应的卡盘扳手和刀架扳手各一副。

（5）工装

这里有两种练习方法，按第一种方法应准备：90°车刀，45°车刀，90°内孔车刀，60°内孔车刀，车槽刀，切断刀，ϕ24 mm 和 ϕ26 mm 的钻头，游标卡尺 0.02 mm/（0～150 mm），千分尺 0.01 mm/（25～50 mm），塞规或内径百分表 0.01 mm/（18～35 mm），内卡钳 1 只。

2. 工艺分析

（1）掌握定位套零件加工中麻花钻的刃磨方法及钻孔、车孔技术。

（2）掌握和运用定位套的装夹方法，保证定位套的尺寸、形状和位置精度。

（3）定位套的加工主要需完成外圆、内孔、外沟槽的加工和测量，完成端面的切断，保证全长尺寸、形状和位置精度。要正确刃磨内孔车刀、车槽刀和切断刀；正确使用内孔测量量具，确保达到图样要求。

（4）此件为台阶套，查极限偏差表可知 $\phi48_{-0.087}^{-0.025}$ mm 为 f9，$\phi28_{0}^{+0.084}$ mm 为 h10；查未注公差表可知（50±0.3）mm 和（70±0.3）mm 均为未注线性公差 GB/T 1804—m（中等级）；R_a6.3 μm 和 R_a3.2 μm 为车削要求的表面粗糙度。此工件标注出了形位公差，要求工件左侧保留切断面并且平面度公差为 0.05 mm，对 $\phi28_{0}^{+0.084}$ mm 孔的轴线的垂直度公差为 0.08 mm，因此，要求切断刀磨削角度要正确，安装角度要正确。

（5）此件有两种练习方法：一种是先练习加工图 3—33 所示的平底孔件，然后再将孔钻透，练习加工图 3—34 所示的通孔件；另一种是直接练习加工图 3—34 所示的通孔件，随后按图 3—35 所示的要求加工外螺纹，也可将图 3—35 作为最后测试件的检测要求。

五、训练指导

1. 操作步骤及加工简图

操作步骤	加工简图
1. 按图 3—33 所示的要求先加工平底孔，夹住外圆，伸出长度为 80 mm （1）粗车端面至车平为止 （2）钻孔 ϕ24 mm，深 34 mm （3）粗车外径 ϕ48 mm，长度大于 76 mm （4）粗车外径 ϕ43 mm （5）车内孔，车至 ϕ25.5 mm （6）精车端面 （7）内孔倒角 （8）精车内孔 $\phi26_{0}^{+0.084}$ mm，深（35±0.1）mm （9）精车外圆 ϕ43 mm （10）外圆处倒角 （11）车槽 4 mm×2.5 mm （12）切断	100 20 5 $\phi26_{0}^{+0.084}$ 3.2 3.2 后车 先钻 35±0.1

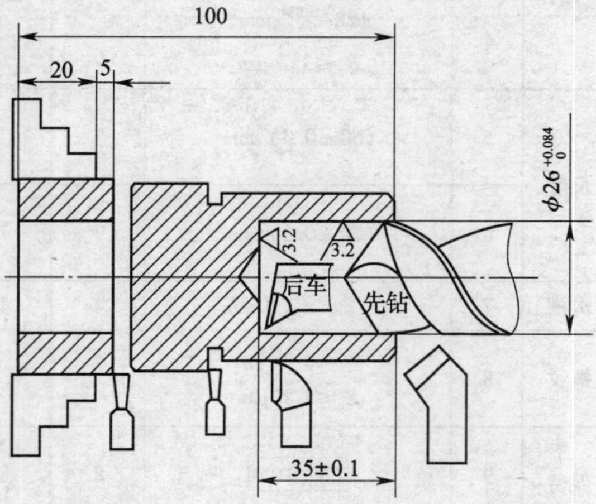

操作步骤	加工简图
2. 按图3—34所示的要求加工通孔 由第一步加工完平底孔后转来，夹住 $\phi 48_{-0.087}^{-0.025}$ mm或 $\phi 43$ mm的外圆，用 $\phi 26$ mm的钻头将孔钻透，再精车 $\phi 28_{0}^{+0.084}$ mm的通孔	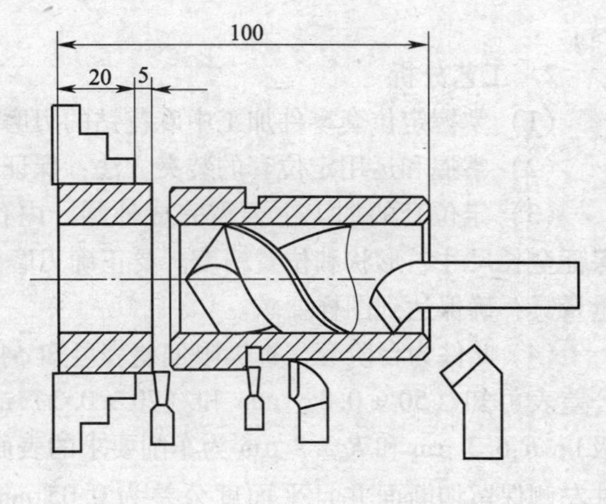

2. 课题评分标准

项目	序号	检测内容	配分			扣分标准	得分
			图3—33	图3—34	图3—35		
外圆	1	$\phi 48_{-0.087}^{-0.025}$ mm，$R_a \leq 3.2$ μm	8×2	8×2	5×2	每超差0.01 mm扣该项配分的1/2 R_a 每降1级扣该项配分的1/2	
	2	$\phi 43$ mm，$R_a \leq 3.2$ μm	4，8	4，8		未注公差超差不得分 R_a 每降1级扣该项配分的1/2	
平底孔	3	$\phi 26_{0}^{+0.084}$ mm，$R_a \leq 3.2$ μm	10×2			每超差0.01 mm扣该项配分的1/2 R_a 每降1级扣该项配分的1/2	
	4	$\phi 28_{0}^{+0.084}$ mm，$R_a \leq 3.2$ μm		12×2	10×2	每超差0.01 mm扣该项配分的1/2 R_a 每降1级扣该项配分的1/2	
长度	5	(50±0.3) mm	7			每超差0.01 mm扣该项配分的1/2	
	6	(70±0.3) mm	7	7	5	每超差0.01 mm扣该项配分的1/2	
沟槽	7	4 mm×2.5 mm	4	4	4	未注公差超差不得分	
螺纹	8	M42×2—6g，$R_a \leq 1.6$ μm			12×2	R_a 每降1级扣该项配分的1/2	
保留切断面	9	▱ 0.05	8	8	8	每超差0.01 mm扣该项配分的1/2	
	10	⊥ 0.08 B	8	8	8	每超差0.01 mm扣该项配分的1/2	

续表

项目	序号	检测内容	配分			扣分标准	得分
			图 3—33	图 3—34	图 3—35		
表面粗糙度	11	$R_a \leq 6.3\ \mu m$（3 处）	3×3	3×3	3×3	R_a 每降 1 级扣该项配分的 1/2	
倒角	12	$C1$ mm，$C2$ mm（共 3 处）（图 3—34 与图 3—35 共 4 处）	3×3	3×4	3×4	未注公差超差不得分	
合计			100	100	100		

姓名		操作时间	时　分始 时　分止	日期		考评教师	

思考题

1. 同轴度的要求对轴类工件有什么作用？
2. 精车内孔时切削速度应如何选择？
3. 铰刀的作用是什么？
4. 平底孔车刀应如何刃磨？
5. 精车孔刀应如何刃磨？
6. 内孔车刀的后角应如何刃磨？
7. 麻花钻顶角不对称或切削刃长度不等会造成什么后果？
8. 用塞规怎样测量孔径？
9. 麻花钻钻削时轴向力大，应如何改善？

第四单元　成形面加工

模块一　外表修饰加工

任务1　滚花加工

学习目标

滚花加工知识

知识点

①滚花加工知识

②滚花刀模数的知识

技能点

能进行滚花加工

一、明确任务

滚花加工是加工轴类工件时进行表面修饰的一项加工技术，这种加工方法要求讲究美观性和实用性。滚花技术是车工技术的基础知识。

二、实施任务

成形面即零件表面的素线是曲线，如球手柄以及内、外圆弧曲线等。

成形面加工包括用双手控制法车球类、曲线手柄等简单成形面，用成形刀对光滑曲线进行连接等。加工成形面时要磨削必要的刀具，车削简单内、外成形面的车刀如图4—1所示。其中曲面用硬质合金圆弧刀（见图4—1a）车削；滚花刀（见图4—1b）、单轮滚花刀（见图4—1c）和双轮滚花刀（见图4—1d）用于滚花；高速钢凸圆弧刀（见图4—1e）用于车削内圆弧面；高速钢凹圆弧刀（见图4—1f）用于车削外圆弧面。

刃磨圆弧刀时，要用R形样板对刀，按图样要求刃磨圆弧刀的曲面，要用油石研磨切削刃。大多数情况下，曲面由手动进给完成，由于没有自动进给均匀，因此，工件表面质量取决于手动进给的均匀性以及圆弧刀的光洁性和锋利程度。

三、知识链接

1. 滚花的标准

滚花的尺寸规格见表4—1。

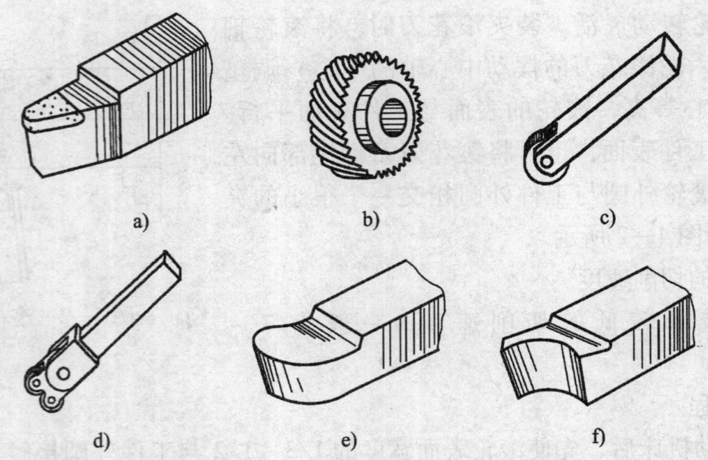

图 4—1　车削简单内、外成形面的车刀

a）硬质合金圆弧刀　b）滚花刀　c）单轮滚花刀　d）双轮滚花刀

e）高速钢凸圆弧刀　f）高速钢凹圆弧刀

表 4—1　　滚花的尺寸规格（GB/T 6403.3—2008）　　mm

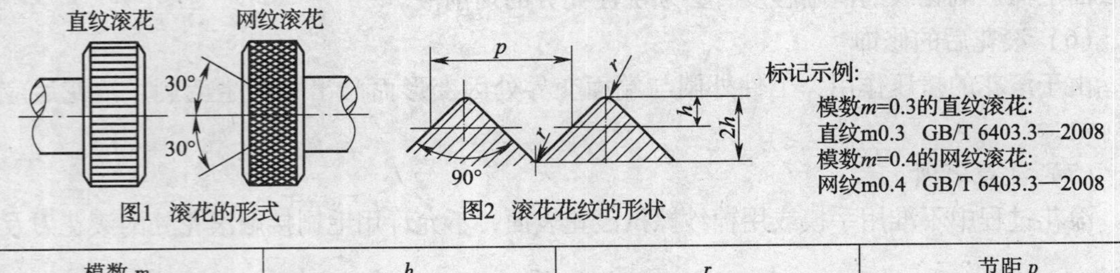

图1　滚花的形式　　图2　滚花花纹的形状

模数 m	h	r	节距 p
0.2	0.132	0.06	0.628
0.3	0.198	0.09	0.942
0.4	0.264	0.12	1.257
0.5	0.326	0.16	1.571

注：技术要求：表中 $h=0.785m-0.414r$。

1. 滚花前工件表面粗糙度 R_a 值最大允许为 12.5 μm。
2. 滚花后工件直径大于滚花前直径，其值 $\Delta\approx(0.8\sim1.6)m$，$m$ 为模数。

2. 滚花时的操作与工艺要求

（1）装夹工件

由于滚花时会产生很大的径向力，在不影响滚花的前提下，工件伸出的长度应尽可能短些。

（2）车外圆

由于滚花时产生塑性变形，使工件外圆增大，应根据工件材料的性质、花纹的粗细，使滚花处外圆的直径比实际要求的尺寸小 $(0.8\sim1.6)m$，式中的 m 为模数。

（3）滚花刀的选择与装夹

按图样要求的节距和花纹形状来选用滚花刀，即直纹选用单轮滚花刀，网纹选用两轮或六轮滚花刀。检查轮齿的完好程度，如有严重缺损，或内孔因磨损过大而跳动，则不宜使

用，同时要求滚轮转动灵活。装夹滚花刀时，将滚轮轴的中心（双轮或六轮滚花刀的摆动中心轴的中心）调整至与工件旋转中心等高，滚轮的表面与工件表面平行。为便于轮齿切入工件表面，也可将滚花刀刀柄尾部向左偏斜装夹，即使滚轮外圆与工件外圆相交一个很小的夹角（2°～3°），如图 4—2 所示。

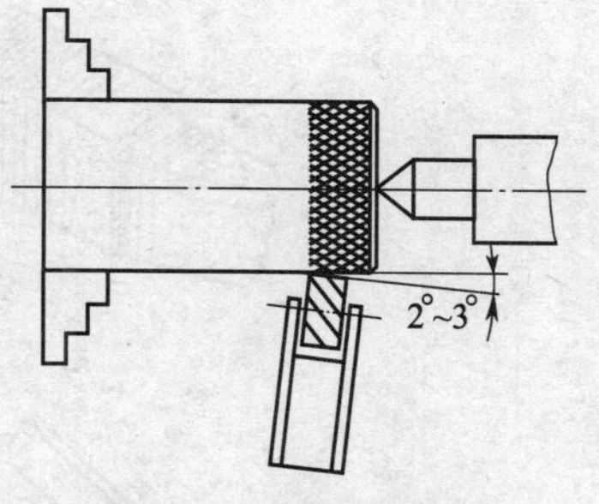

图 4—2 滚花刀的装夹

（4）滚花时的切削速度

滚花时应选择较低的切削速度，一般为 7～15 m/min。

（5）滚花过程

滚花时，开动机床后，先使滚轮表面宽度的 1/3～1/2 与工件外圆接触（目的是少接触能增大单位面积的压力，使滚花刀容易切入工件表面），用较大的力横向进给，使滚花刀轮齿切入工件表面。滚出花纹后，即可纵向进给进行滚花。这样来回滚压 1～3 次，直至花纹凸出清晰为止。外圆表面局部滚花时为防止尾部花纹不清晰、不完整，滚花长度应比图样要求的尺寸长些。滚花过程中为了减少滚花刀的磨损，防止滚花产生的细屑滞留在滚花刀和花纹表面上而影响花纹的清晰程度，必须浇注充分的切削液。

（6）滚花后的修饰

由于滚花的挤压作用，工件外圆与端面交界处因变形而凸出并产生毛刺，滚花后应倒角。

（7）注意事项

滚花过程中不准用手摸或用棉纱擦拭滚花表面，不允许用毛刷接触滚花处的滚花刀及工件。

四、训练课题

1. 掌握加工扳杆的技术要求

通过加工较长的扳杆，应初步掌握车削较长杆和滚花的技术。

2. 准备工作

（1）审图

按图 4—3 所示的要求加工扳杆（注：此件加工后，用于装配如图 7—32 所示的安全卡盘扳手）。

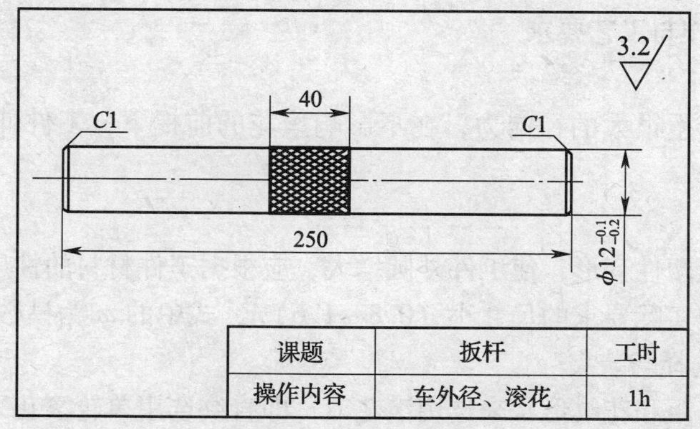

课题	扳杆	工时
操作内容	车外径、滚花	1h

图 4—3 扳杆

（2）材料

45 钢，尺寸为 ϕ15 mm×252 mm 的棒料。

（3）设备

CA6140 型机床（三爪自定心卡盘）。

（4）工装

90°车刀，45°车刀，滚花刀，游标卡尺 0.02 mm/（0～150 mm）。

3. 工艺分析

按图样尺寸要求，工件长度与直径之比已大于 20，接近细长轴，因此加工时有弯曲的可能，故应注意提高工件的刚度。

五、训练指导

1. 加工步骤及加工简图

加工步骤	加工简图
1. 用三爪自定心卡盘装夹，工件伸出 150 mm 长 （1）车平端面 （2）车左侧外圆 $\phi12^{-0.1}_{-0.2}$ mm，长度大于 145 mm （3）倒角 $C1$ mm 2. 将工件掉头装夹，将滚花部位探出在外，工件伸出 160 mm 长，钻中心孔 （1）车端面，保证长度 250 mm （2）用后顶尖顶上，车外圆 $\phi12^{-0.1}_{-0.2}$ mm （3）滚花，控制长度为 40 mm （4）倒角 $C1$ mm	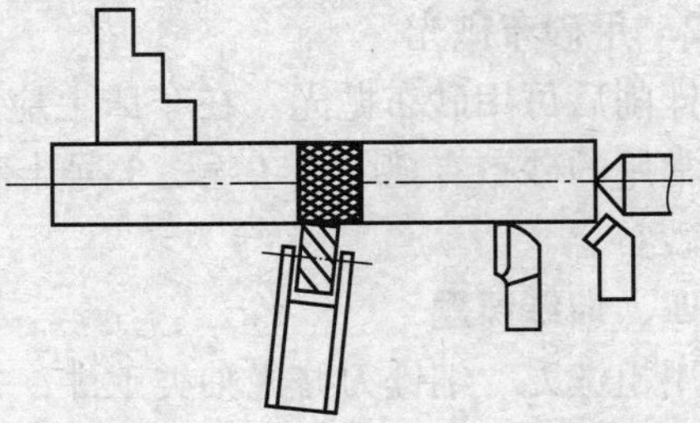

2. 注意事项

此件属细长轴类工件，应合理选择刀具及其角度，在加工时顶尖不要顶得过紧，否则加工后尺寸不一致。

任务 2　抛光加工

学习目标

抛光加工知识

知识点

①抛光加工知识

②抛光工具知识

技能点

能进行抛光加工

一、明确任务

抛光加工是加工轴类工件时进行表面修饰的一项加工技术，这种加工方法要求讲究美观

性和实用性。抛光技术是车工技术的基础知识。

二、实施任务

用砂布、锉刀对工件表面进行抛光。

三、知识链接

1. 用锉刀修光

用双手控制法车削成形面后，由于手动进给不均匀，工件表面容易留下高低不平的车削痕迹，为了达到所要求的表面粗糙度，工件车好以后还要用粗锉刀修整并用细锉刀修光。手握锉刀（见图4—4）时双手压力要均匀一致，不可用力过大；否则，会把工件锉成一节一节的或工件圆度达不到要求。

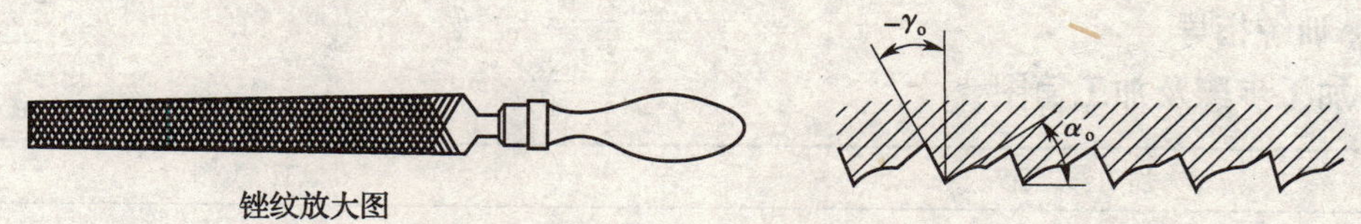

图4—4　锉刀

2. 用砂布抛光

锉削后可用砂布抛光。在车床上应用的砂布一般是用刚玉砂粒制成的。根据砂粒的粗细，常用的砂布有00号、0号、1号半和2号，号数越小，颗粒越细。00号是细砂布，2号是粗砂布。

四、训练课题

用粗锉刀、细锉刀修光轴类工件，并用砂布抛光。

五、训练指导

1. 锉刀、砂布的使用方法

（1）用锉刀修光

在车床上用锉刀锉削时，锉削余量一般在0.05 mm左右，若余量太大，容易将工件锉扁。在锉削时，为了安全，应左手握住锉柄，右手扶住锉刀前端进行锉削，以避免衣服被勾住而受到伤害，锉刀的握法如图4—5所示。推锉速度一般为40次/min，不能快。转速过高时，容易磨钝锉齿；转速过低时，容易将工件锉扁。

（2）用砂布抛光

使用砂布抛光工件时，一般将砂布垫在锉刀下面进行抛光，这样比较安全且质量也较高。也可用手直接捏住砂布进行抛光，如图4—6所示。但应注意安全，应用手在两头抻住砂布，严禁用砂布裹住工件进行抛光，以防止手指被卷入。

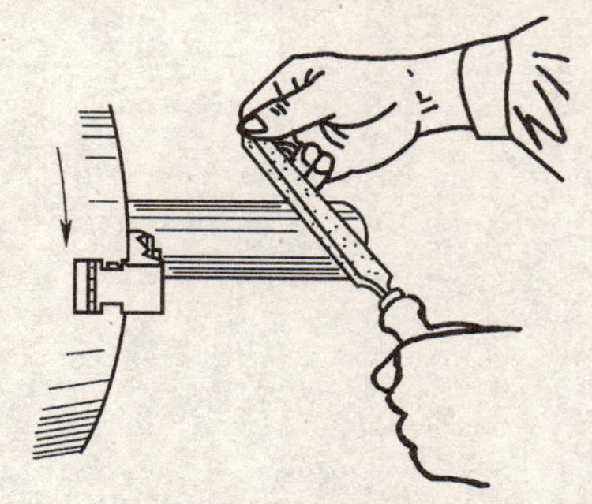

图4—5　锉刀的握法

图4—6　用砂布抛光

2. 注意事项

修整圆弧时锉刀不要与卡盘相碰。

模块二　成形面的加工

数量较多的成形面工件可以用成形刀车削。把切削刃磨得与工件表面形状相同的车刀叫做成形刀，或称样板车刀。一般手工刃磨的常用成形刀是普通成形刀，利用普通刀具（硬质合金刀片或高速钢刀条）刃磨成形刀，这种刀具制造方便，可手工刃磨，成本低，但精度较低；若在工具磨床上刃磨，同样能达到较高的精度。手工刃磨的成形刀常用于加工简单的成形面和单件特形面。

任务1　用双手控制法车削球体圆弧面

学习目标

用双手控制法车削圆弧面时切削用量的选择

知识点

①用双手控制法车削圆弧面的进给方法

②加工成形面时切削用量的选择

技能点

能够车削球面、曲线手柄等成形面

一、明确任务

球面的加工在机械制造中占有较重要的地位，有许多零件上有球面，在制造中要求的技术水平较高，需要一定的圆度测量知识、样板制作知识和曲线计算知识。

二、实施任务

用双手控制法车成形面时，首先要分析曲面上各点的斜率，然后根据斜率来确定纵向、横向进给速度的快慢。例如，车削如图4—7所示的圆球时，从右向左车削时，在 c 点中滑板退刀速度要快，而小滑板进给速度要慢；到达 b 点时，中滑板与小滑板的速度相当；到达 a 点时，中滑板退刀速度要慢，而小滑板进给速度要快，这样不断地经过车削和测量，就能车削出符合要求的圆球。

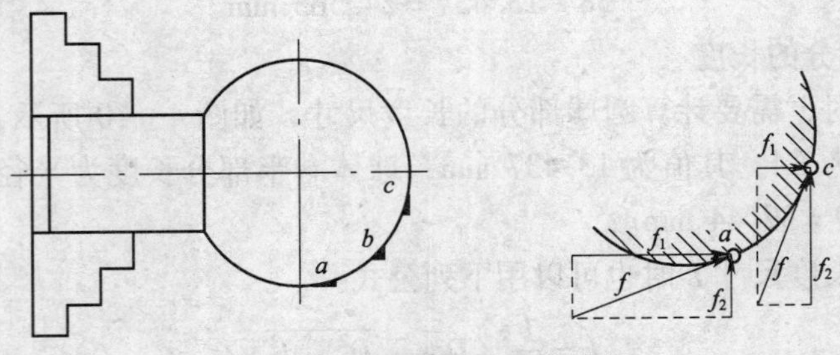

图4—7　车削圆球时斜率分析

三、知识链接

车削球体零件时，首先应计算球体及连接处的直径和长度尺寸，车削如图 4—8 所示的球体零件时，有 $S\phi(38\pm0.1)$ mm 的球体与圆柱脖颈相连接，在连接处有 $R3$ mm 的圆角过渡，圆柱脖颈的直径尺寸需要在如图 4—9 所示的直角三角形 ABC 中进行计算后方可得知。

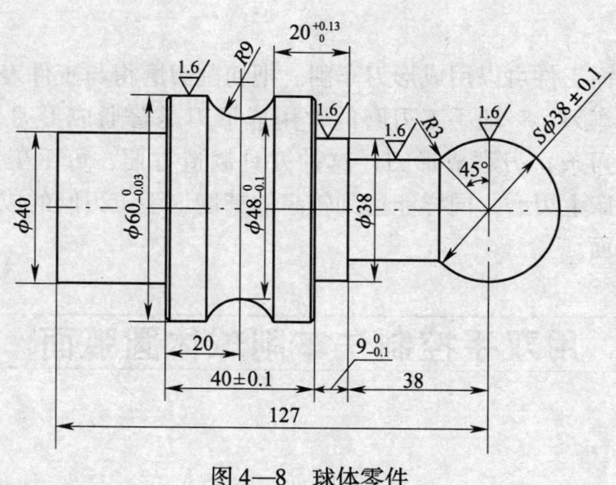

图 4—8　球体零件

1. 计算圆柱脖颈的直径

（1）计算 BC

由图可得，$\angle BAC=45°$，$BC:CA:AB=1:1:\sqrt{2}$，已知 AB 为球的半径，其值为19 mm，则：

$$BC=\frac{AB}{\sqrt{2}}=\frac{19}{1.414}=13.437\ \text{mm}$$

（2）计算圆柱脖颈的直径

圆柱脖颈的直径为：$2BC=2\times13.437\approx26.87$ mm，圆柱脖颈与球体的交角采用 $R3$ mm 的圆角过渡。

2. 计算圆柱脖颈的长度

（1）计算 CA

在直角三角形 ABC 中，可得：

$$CA=\frac{AB}{\sqrt{2}}=\frac{19}{1.414}=13.437\ \text{mm}$$

（2）计算圆柱脖颈的长度

$$38-13.437=24.563\ \text{mm}$$

3. 计算圆球部分的长度

车削单球手柄时，需要计算圆球部分的长度尺寸，如图 4—10 所示，据以上计算可知：球体左半部分长度为 CA，其值为 13.437 mm，球体右半部分长度为半径 19 mm，即圆球部分长度为 13.44 + 19 = 32.44 mm。

计算圆球部分长度尺寸 L 时也可以用下列公式：

$$L=\frac{1}{2}\left(D+\sqrt{D^2-d^2}\right)$$

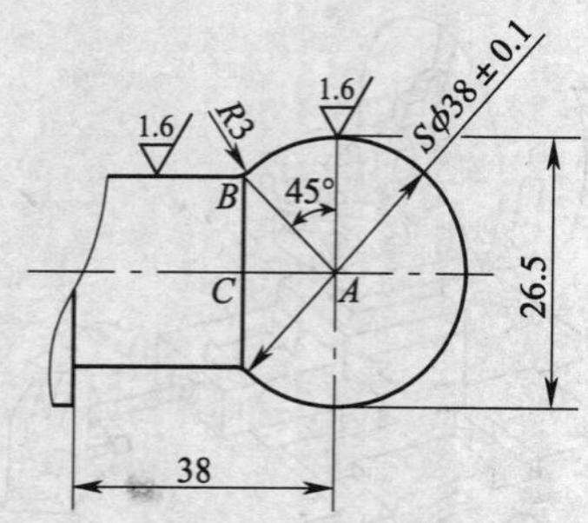

图 4—9　用三角形计算直径尺寸

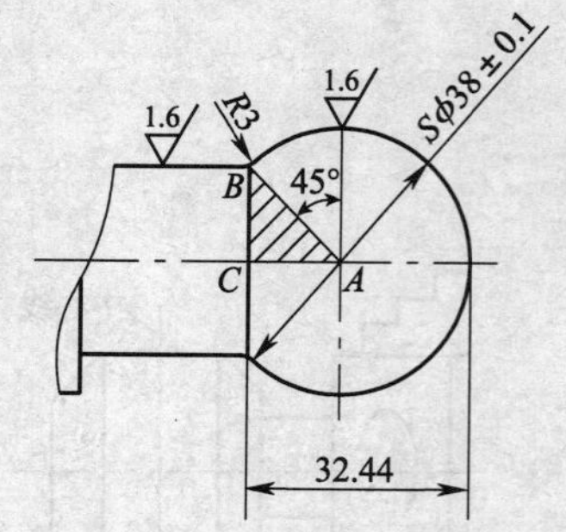

图 4—10　计算圆球部分的长度尺寸

式中　L——圆球部分长度，mm；

D——圆球直径，mm；

d——脖颈直径，mm。

代入图中尺寸可得：$L=\frac{1}{2}\left(D+\sqrt{D^2-d^2}\right)$

$$L=\frac{1}{2}\left(38+\sqrt{38^2-26.874^2}\right)\approx 32.44\text{ mm}$$

四、训练课题

车削如图 4—8 所示的球体零件。

五、训练指导

1．车出圆球长度尺寸 *L*

车削时，按计算出的长度 L 车出圆球部分，如图 4—11 所示。

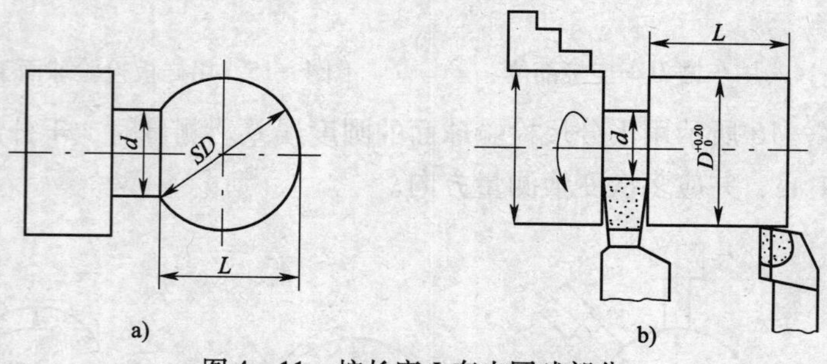

图 4—11　按长度 L 车出圆球部分

2．通过倒角减少车削余量

在球体中心刻线痕，保证左、右半球面对称。为减少车圆球时的车削余量，一般用 45°刀先在圆球的两边倒角，如图 4—12 所示。

3．用双手控制法车圆球

如图 4—13 所示为用双手控制法车圆球。车削圆球时需要用双手配合坐标尺寸进行车削。车削时，用右手握小滑板手柄，左手握中滑板手柄将圆球粗车成形，然后再精车达到图样要求。

4．修整球部与直台连接处

车圆球与手柄连接处的沟槽时，用车槽刀车连接部位，如图 4—14 所示。

5．球面的检测

如图 4—15 所示为用样板检验球面工件，根据样板与工件之间缝隙的大小来判断间隙值。

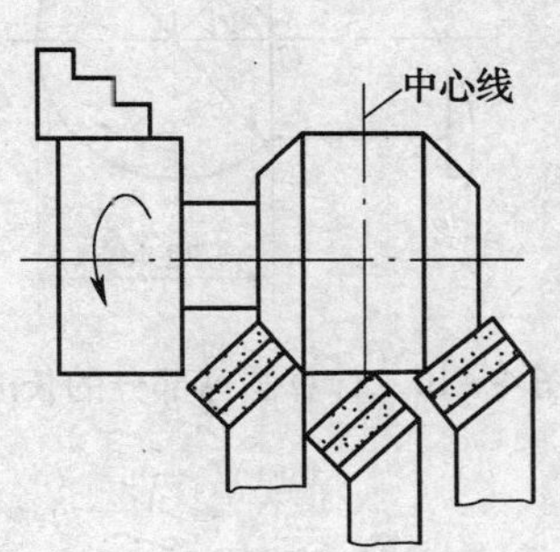

图 4—12　车圆球前两边倒角

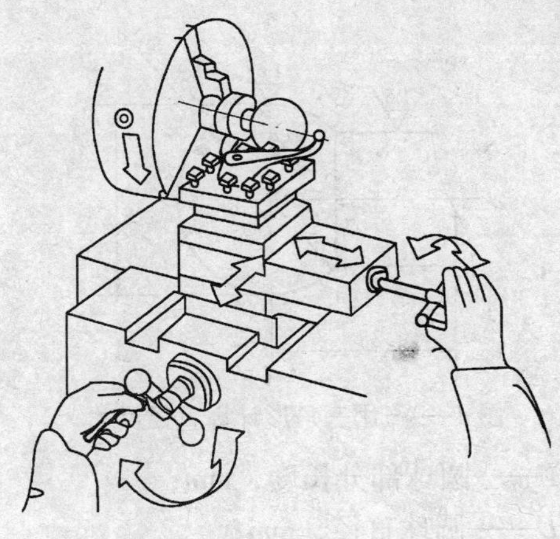

图 4—13　用双手控制法车圆球

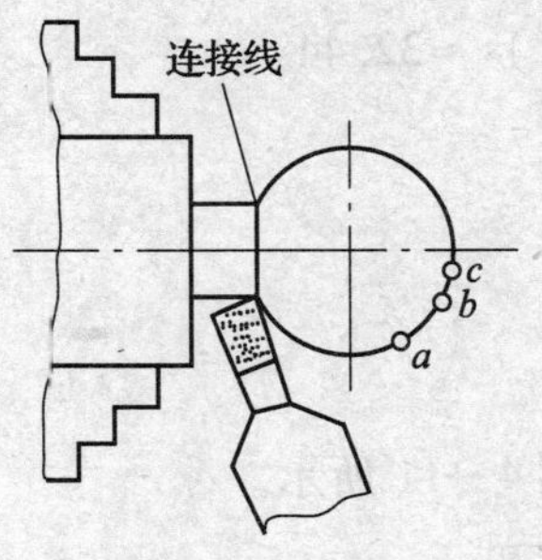

图 4—14　用车槽刀车连接部位

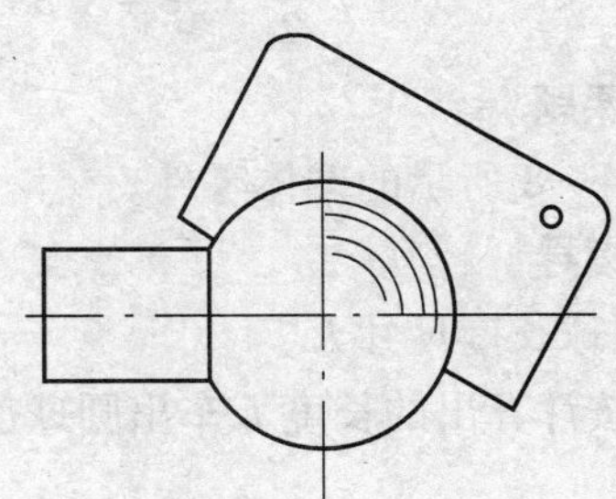

图 4—15　用样板检验球面工件

也可以按图 4—16 所示用千分尺检验球面的圆度误差。测量时，千分尺测微螺杆的轴线应通过工件球面中心，并应多次变换测量方向。

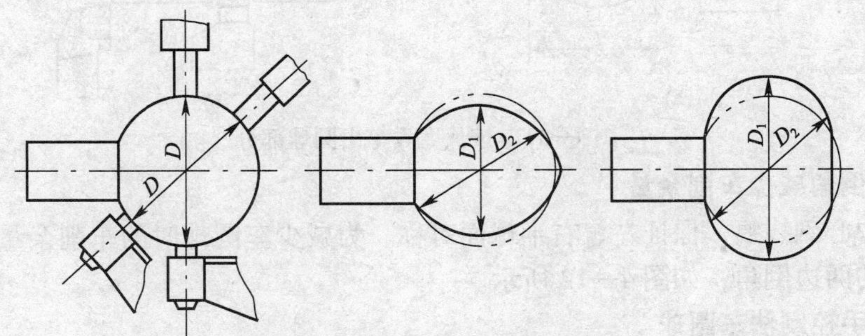

图 4—16　用千分尺检验球面的圆度误差

任务 2　用双手控制法车削手柄圆弧面

学习目标

用双手控制法车削圆弧面的切削用量、锉刀锉纹及砂布粒度的知识

知识点

①用双手控制法车削圆弧面的进给方法

②加工成形面时切削用量的选择

技能点

能够车削曲线手柄等成形面

一、明确任务

手柄（见图 4—17）曲面的加工在机械制造中占有一定的重要地位，有许多零件中有曲面相切或相交，在制造中要求找出它们的交点，以便按尺寸进刀，车出正确的圆弧形曲面。车削手柄曲面的难度较高，一般车削时可按样板制作工件，或自制样板进行曲线计算。

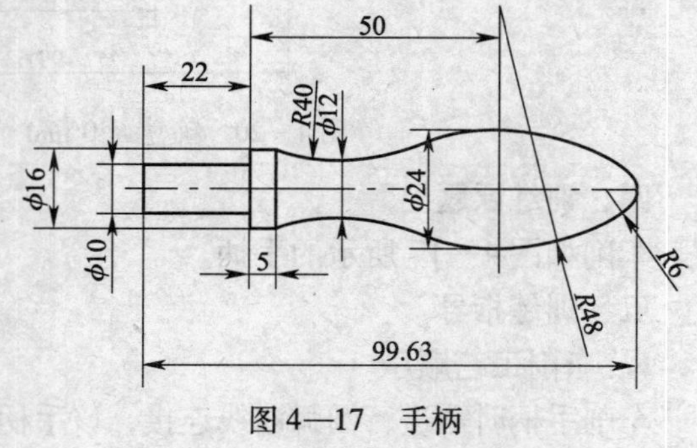

图 4—17 手柄

二、实施任务

如图 4—18 所示车削手柄时也需要用双手配合坐标尺寸进行赶刀车削。车削时，用右手握住小滑板手柄，左手握住中滑板手柄粗车成形，然后再精车。如图 4—19 所示为车削手柄时的速度分析。

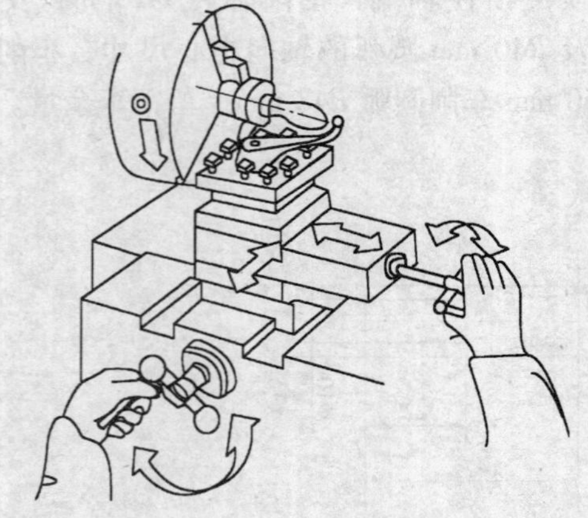
图 4—18 用双手配合坐标尺寸进行赶刀车削

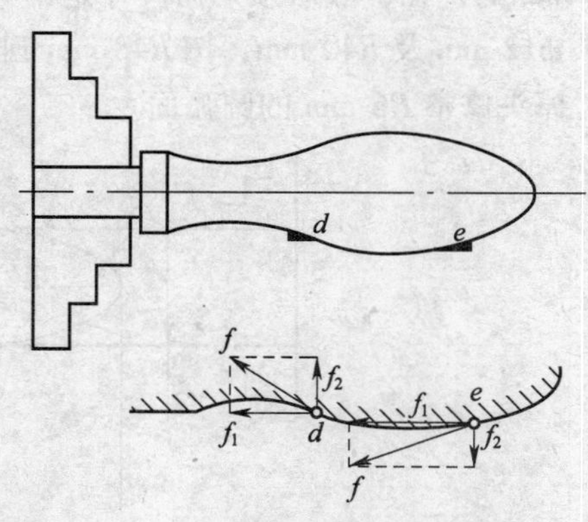

图 4—19 车削手柄时的速度分析

三、知识链接

确立 $R40$ mm 圆弧的中心点轴线坐标尺寸如图 4—20 所示，$R40$ mm 的圆弧与 $R48$ mm 的圆弧相切，$R40$ mm 的圆弧必然有一点与 $R48$ mm 的圆弧相切在 D 点、与 $\phi16$ mm 的肩头相交在 B 点，因此，$\phi16$ mm 的肩头到 $R40$ mm 圆弧的中心的距离为 40 mm，从 $R40$ mm 圆弧的中心向下作垂线 AC。已知圆弧脖颈的直径为 12 mm，垂线 AC 到达手柄轴线的距离为 $40+6=46$ mm，又已知肩头直径为 16 mm，从肩头 B 点作水平线与 AC 交于 C 点，形成直角三角形 ABC。已知 $AB=40$ mm，$AC=40+6-8=38$ mm，按勾股定理得 $CB=\sqrt{40^2-38^2}=12.5$ mm。

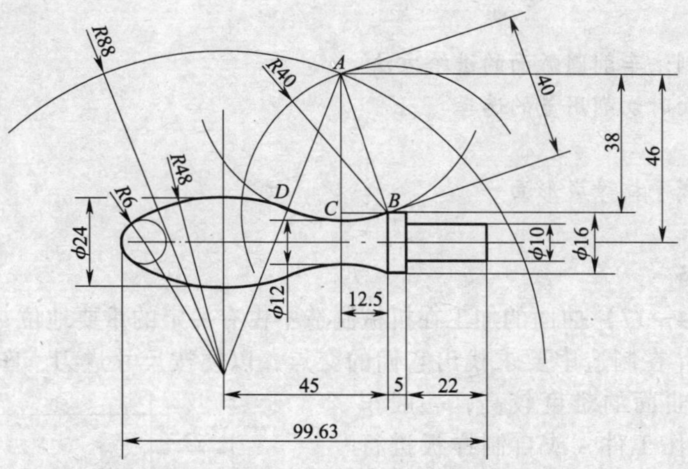

图 4—20　确立 $R40$ mm 圆弧的中心点轴线坐标尺寸

四、训练课题

车削如图 4—17 所示的手柄。

五、训练指导

1. 车削工艺顺序

车削手柄时需进行圆弧曲线连接，该手柄是由三段曲线连接而成的。手柄车削过程如图 4—21 所示。车削时，曲线弧形一端靠近卡盘一侧装夹。先车削 $\phi16$ mm 的圆柱及轴颈 $\phi10$ mm，装夹时伸出长度尽量短一些，用后顶尖顶住轴端，车削轴台 $\phi16$ mm 及轴颈 $\phi10$ mm 的外径，然后按几何尺寸定出 $R48$ mm 及 $R40$ mm 圆弧的轴向中心尺寸，车削手柄脖颈 $\phi12$ mm 及 $R40$ mm，按 $R48$ mm 圆弧中心 50 mm 车削圆弧 $R48$ mm，留精车余量。精车后，掉头修整 $R6$ mm 的圆弧面。

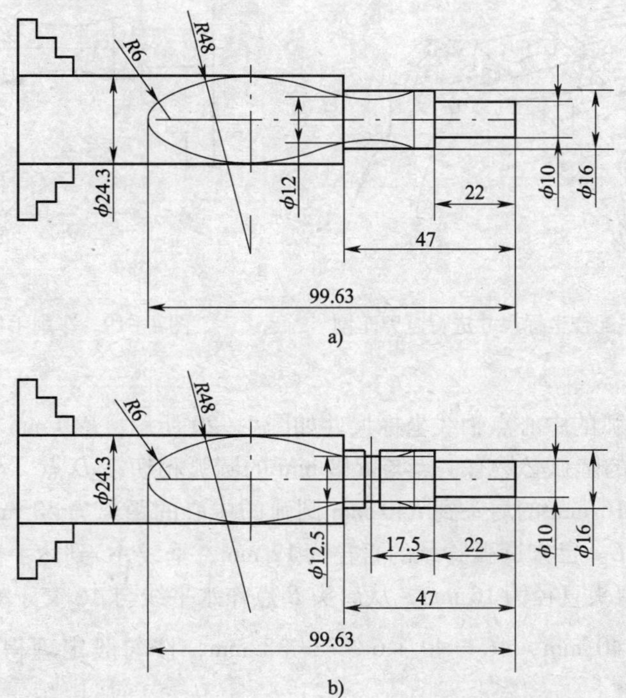

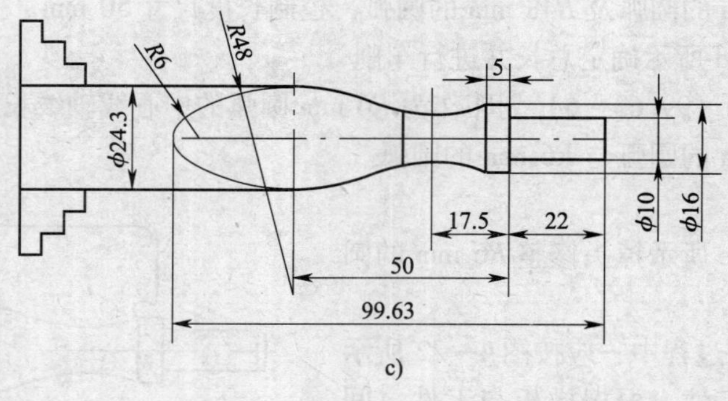

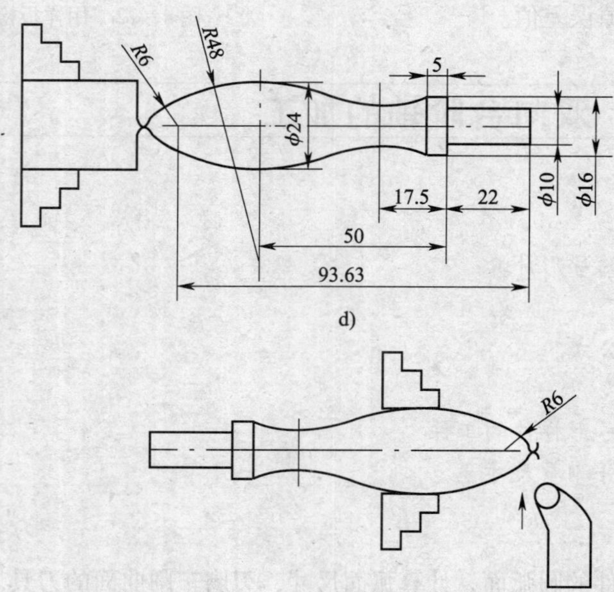

图 4—21　手柄车削过程

a）车削台阶　b）确定长度尺寸　c）车削 *R*40 mm 的圆弧及 *R*48 mm 圆弧的右半部

d）车削 *R*48 mm 圆弧的左半部及 *R*6 mm 的圆弧　e）修整 *R*6 mm 圆弧的端部

2. 手柄车削过程及定位分析

（1）按图 4—21a 所示的图样车削

1）先车出 ϕ24 mm 的外圆，留 0.3 mm 的余量。

2）车出 ϕ16 mm 的圆台，长度大于 47 mm。

3）车出 ϕ10 mm 的圆柱，长度为 22 mm。

（2）按图 4—21b 所示确定各段长度尺寸

1）按 99.63 mm 划印作为总长度。

2）按 17.5 mm 的长度定位 *R*40 mm 圆弧的中心点轴线坐标尺寸，切至直径 ϕ12.5 mm，在 *R*40 mm 的圆弧处留 0.5 mm 的精车余量。

（3）按图 4—21c 所示确定其余长度尺寸，并车削 *R*40 mm 的圆弧和 *R*48 mm 的圆弧

1）按 50 mm 长划印作为 *R*48 mm 圆弧的中心线轴线长度。

2）车削 $R40$ mm 的圆弧及 $R48$ mm 的圆弧，控制长度尺寸 50 mm。

（4）按图 4—21d 所示确定总长并进行车削

1）按 93.63 mm（99.63 - 6）划印作为 $R6$ mm 圆弧的中心线轴线长度。

2）车削 $R48$ mm 的圆弧与 $R6$ mm 的圆弧。

3）切断。

（5）按图 4—21e 所示掉头修整 $R6$ mm 的圆弧面

在修整圆弧面的过程中，应按图 4—22 所示用样板检验成形面工件，根据样板与工件之间的缝隙大小来判断间隙误差值。

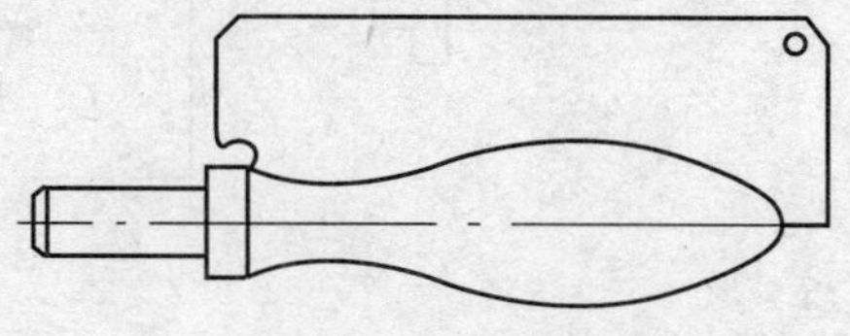

图 4—22　用样板检验成形面工件

任务 3　双向台阶轴的加工

学习目标

掌握常用圆弧中的弓形计算

知识点

三角及弓形计算公式

技能点

①能够车削带有弓形样件的工件

②能够正确计算并测量尺寸

一、明确任务

通过加工一般零件的圆弧面，计算弧面尺寸，刃磨车削曲面的刀具。

二、实施任务

加工如图 4—23 所示的双向台阶轴。

三、知识链接

1. 勾股定理公式

$$a^2 + b^2 = c^2$$

2. 弓形公式

$$R^2 = \left(\frac{L}{2}\right)^2 + (R - H)^2$$

四、训练课题

加工双向台阶轴前的准备工作：

1. 审图

按图 4—23 所示的要求加工双向台阶轴。

2. 材料

由图 2—23 所示的台阶轴作为毛坯件。

3. 设备

CA6136（或 CA6140）型车床（三爪自定心卡盘）。

4. 工装

90°车刀，45°车刀，车槽刀，$R5$ mm 的圆弧刀，60°螺纹车刀，中心钻 A2/5 及钻夹具，游标卡尺 0.02 mm/（0～200 mm），千分尺 0.01 mm/（0～25 mm），$R1$～7 mm 的半径规，回转顶尖。

如图 4—23 所示的双向台阶轴为集外圆、台阶、圆弧、锥度、普通螺纹为一体的组合件，以此件为例测试三角计算能力及确保工件精度的加工能力。

五、训练指导

1. 三角计算

在图 4—23 中有一处 $R5$ mm 的圆弧，其直径为 18 mm，但圆弧不是完整的半圆，属于少半圆，为确定圆弧开口宽度，需要进行计算。

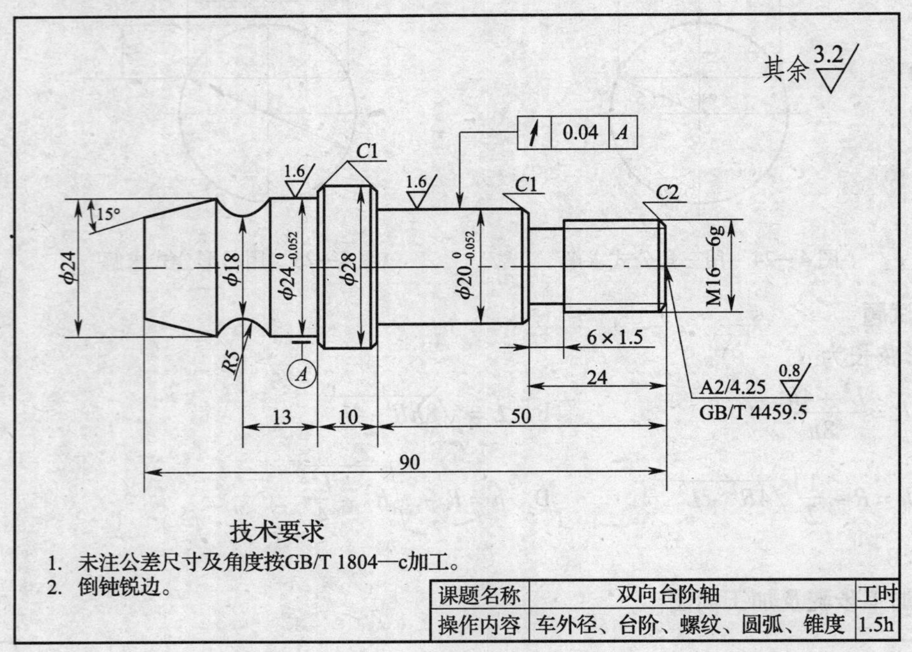

课题名称	双向台阶轴	工时
操作内容	车外径、台阶、螺纹、圆弧、锥度	1.5h

图 4—23　双向台阶轴

（1）如图 4—24 所示为利用三角公式求解，圆弧深度为 3 mm（即$\frac{24-18}{2}$）。

已知：对边为 $5-3=2$ mm

斜边 $=5$ mm

利用直角三角公式 $a^2+b^2=c^2$

解：邻边 $=\sqrt{5^2-2^2}\approx4.583$ mm

圆弧开口宽度为 $4.583\times2=9.166$ mm

（2）如图 4—25 所示为利用弓形公式求解。

弓形公式为：

$$R^2=\left(\frac{L}{2}\right)^2+(R-H)^2\ (R\ 为圆半径)$$

$$R^2 = \frac{L^2}{4} + R^2 + H^2 - 2RH$$

$$2RH = \frac{L^2}{4} + H^2$$

$$D = \frac{L^2}{4H} + H$$

已知：$L^2 = 4H\ (D - H)$

解：$L = \sqrt{4 \times 3 \times\ (10 - 3)} = 9.165$ mm

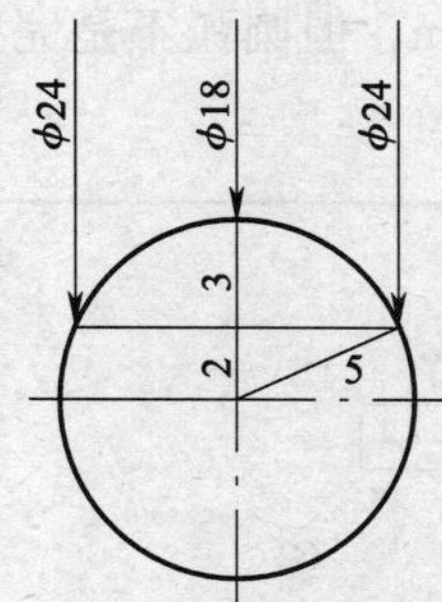

图 4—24　用三角公式求解

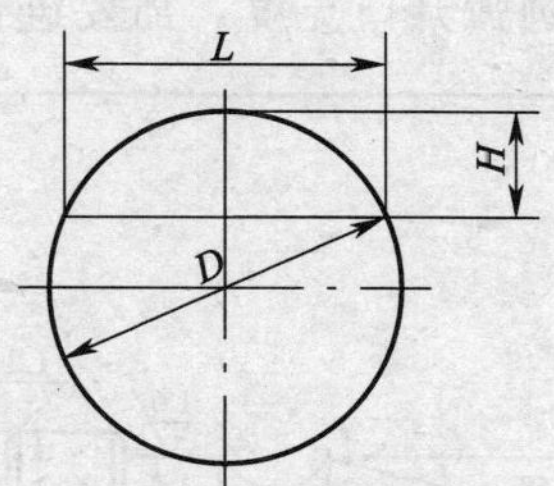

图 4—25　用弓形公式求解

2. 试题

弓形弦长为（　　）。

A. $R = \frac{L^2 + 4h^2}{8h}$　　B. $L = \sqrt{8hR - 4h^2}$

C. $h = R - \frac{1}{2}\sqrt{4R^2 - L^2}$　　D. $h = R - \sqrt{R^2 - \frac{L^2}{4}}$

答：B

3. 加工步骤及加工简图

操 作 步 骤	加 工 简 图
1. 取料后夹住工件 ϕ26 mm 的外圆部位，10 mm 的台阶宽度处伸出长度大于 12 mm （1）用 45°车刀车平右端面 （2）钻中心孔 A2/4. 25 （3）用 90°车刀精车 ϕ28 mm 至尺寸，对好刻度 （4）用试切法精车 $\phi 20_{-0.052}^{0}$ mm 至尺寸，长度车至 50 mm （5）精车 M16—6g 的螺纹处外圆至 $\phi 16_{-0.4}^{-0.2}$ mm （6）用车槽刀车 6 mm × 1. 5 mm 的沟槽 （7）倒角	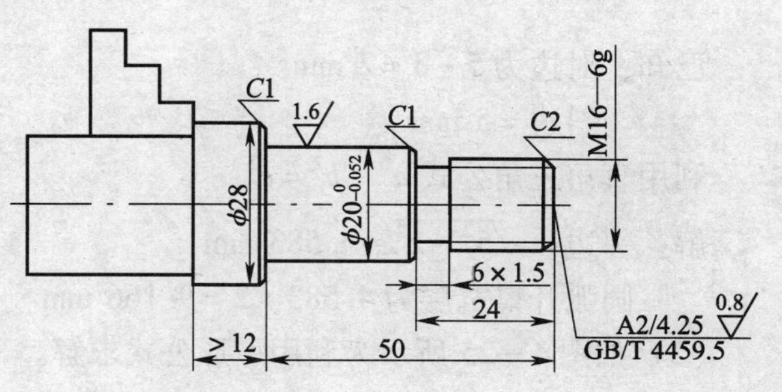

续表

操作步骤	加工简图
2. 将工件掉头，垫铜皮夹住 $\phi20_{-0.052}^{0}$ mm 的外圆处，用后顶尖顶上工件 （1）精车 $\phi24_{-0.052}^{0}$ mm 至尺寸，保证宽度 10 mm （2）精车控制全长 90 mm （3）在 13 mm 尺寸线处用刀尖划一条痕迹，用圆弧刀车圆弧沟槽至 $\phi18$ mm （4）将小滑板角度刻度盘转动 15°车削锥体 （5）倒角，倒钝锐边	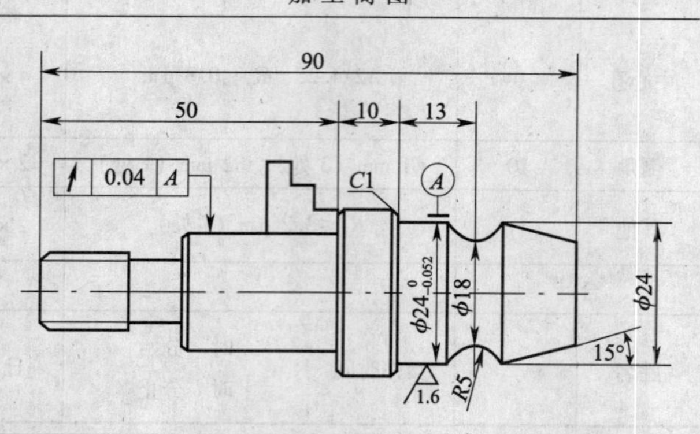

4. 注意事项

（1）工件的装夹

1）用尾座顶尖支撑工件时不能用力过猛。

2）工件被顶住后，如工件不正，顶尖跳动，应松开工件并轻夹工件，将其向右靠在顶尖上，然后再夹紧工件。

（2）切削用量的选择

1）粗车：$n=400\sim600$ r/min，$f=0.1\sim0.3$ mm/r（车外圆时手柄对准Ⅱ，车端面时手柄对准 Ⅲ）。

2）精车：$n>900$ r/min，$f<0.1$ mm/r（车外圆时手柄对准Ⅰ，车端面时手柄对准Ⅱ）。

3）车螺纹：$n=100$ r/min 左右，采用开倒顺车法车螺纹。

背吃刀量：$(1.08\sim1.3)\ P$，即 $1.08\times2\sim1.3\times2=2.16\sim2.6$ mm。

5. 课题评分标准

项目	序号	内　容	配分	扣分标准	得分
外圆	1	$\phi24_{-0.052}^{0}$ mm，$R_a\leq1.6$ μm	10，6	每超差 0.01 mm 分扣该项配分的 1/2 R_a 每降 1 级扣该项配分的 1/2	
	2	$\phi20_{-0.052}^{0}$ mm，$R_a\leq1.6$ μm	10，6	每超差 0.01 mm 分扣该项配分的 1/2 R_a 每降 1 级扣该项配分的 1/2	
	3	$\phi28$ mm	2	未注公差超差不得分	
	4	↗ 0.04 A	4	每超差 0.01 mm 分扣该项配分的 1/2	
凹圆弧槽	5	$\phi18$ mm × $R5$ mm	7	未注公差超差不得分	
锥度	6	15°	5	未注公差超差不得分	
沟槽	7	6 mm × 1.5 mm	5	未注公差超差不得分	
长度	8	90，24，50，10，13 mm	3×5	未注公差超差不得分	

续表

项目	序号	内　　容	配分	扣分标准		得分
中心孔	9	A2/4.25，$R_a \leqslant 0.8$ μm	4×2	未注公差超差不得分 R_a 每降 1 级扣该项配分的 1/2		
倒角	10	C1 mm（3 处），C2 mm（1 处）	2×4	未注公差超差不得分		
其他	11	$R_a \leqslant 3.2$ μm（7 处）	2×7	R_a 每降 1 级扣该项配分的 1/2		
合计				100		
姓名		操作时间	时　分始 时　分止	日期	考评教师	

任务 4　锤头的加工

学习目标

成形刀的使用

知识点

凸、凹圆弧刀的刃磨知识

技能点

①能够根据需求选择凸、凹圆弧刀的刀头形式

②能够根据工件材料选择凸、凹圆弧刀的刀具材料

一、明确任务

通过加工锤头上的球面，掌握零件成形表面的车削与修饰方法。

二、实施任务

通过加工内、外圆弧工件，初步掌握圆弧刀的刃磨、装夹方法及工件的车削方法。

三、知识链接

加工如图 4—26 所示的球面时，可采用普通外圆弧成形刀进行一次或多次转动，用靠形法车削成形。

精车时，一般采用手动进给，进给速度不宜太快，车刀圆弧半径 R 可以与工件圆弧部分取同一尺寸。车凹圆弧时，圆弧刀尺寸也可以小于工件圆弧部分的尺寸，其目的是怕接触面积大，刀具产生颤动，在工件加工表面产生振纹，选用小于工件圆弧部分尺寸的刀具，可移动圆弧刀头多次靠形。车凸圆弧时，圆弧刀尺寸也可以大于工件圆弧部分的尺寸，其目的也是怕接触面积大，刀具产生颤动，在工件加工表面产生振纹，选用大于工件圆弧部分尺寸的刀具，也可移动或转动圆弧刀头靠

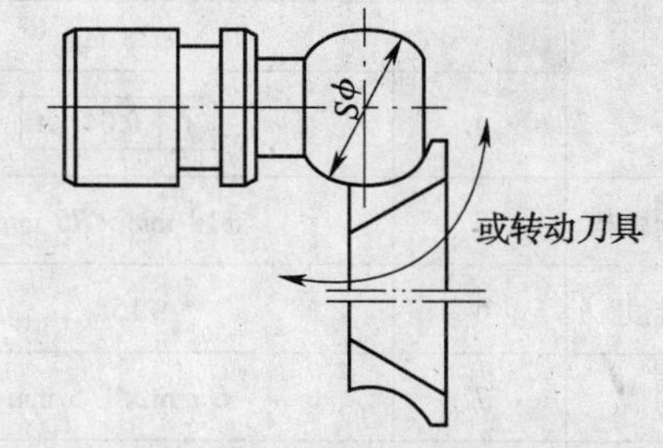

图 4—26　用普通外圆弧成形刀加工球面

形，凸、凹圆弧都用圆弧样板或半径规进行测量。

如图 4—27 所示为整体式成形刀具。

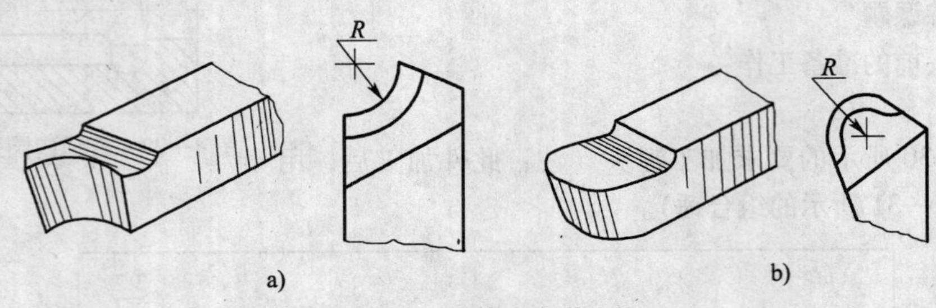

图 4—27　整体式成形刀具

a）凹圆弧刀　b）凸圆弧刀

用图 4—27a 所示的凹圆弧刀车削时，所磨圆弧的尺寸要大于等于工件实际尺寸，越靠近圆弧切削刃的中心，切削刃与圆弧接触越多。两侧切削刃再往外应逐渐过渡为不接触。为使刀具圆弧适应不同的弧面，还要转动刀头，所以要求切削刃的边缘不能划伤工件。车削工件时，如果刀具切削刃弧长不够，可进行转动车削。

用图 4—27b 所示的凸圆弧刀车削时，所磨圆弧的尺寸要小于工件实际尺寸，而且应小很多，越靠近圆弧切削刃的中心，切削刃与工件接触越多。两侧切削刃再往外应逐渐过渡为不接触。为使刀具圆弧适应不同的弧面，还要转动刀头，所以要求切削刃的边缘不能划伤工件。若刀具圆弧尺寸大，与工件接触多，可使工件加工表面光洁，但接刀方法不易掌握；反之，若切削刃圆弧直径小，不易将工件车光滑。由于刀具切削刃弧长远远不够，可随时进行转动车削。

在加工如图 4—28 所示的双向圆弧轴时，需完成内、外圆弧的车削，可用不大于 R6 mm 的圆弧刀车削 R6 mm 的凹弧；对于 R11 mm 的凸弧球，可用整体式凹圆弧刀（ > R11 mm）或用远远小于 R11 mm 的凸圆弧刀采用双手控制法车削球面。

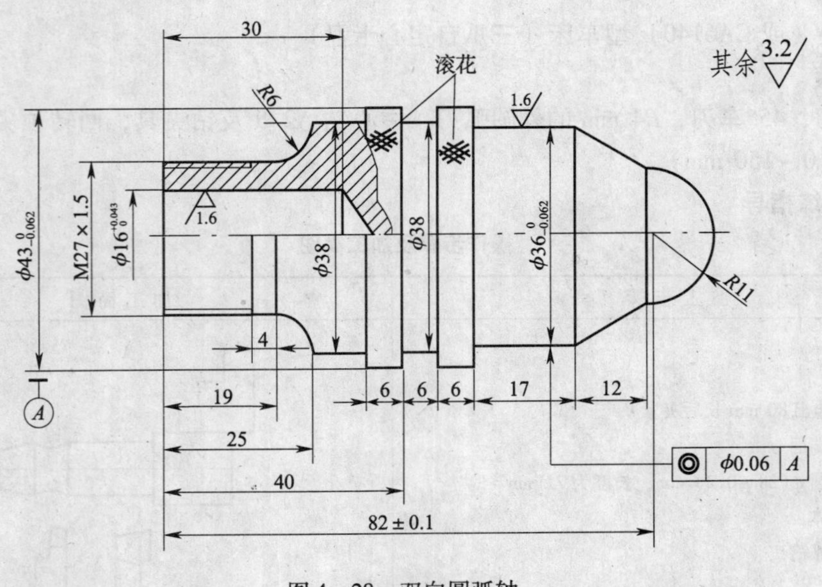

图 4—28　双向圆弧轴

如图 4—29 所示为普通内圆弧成形刀，将内孔车刀磨成圆弧刃，可进行内圆弧沟槽的车削。

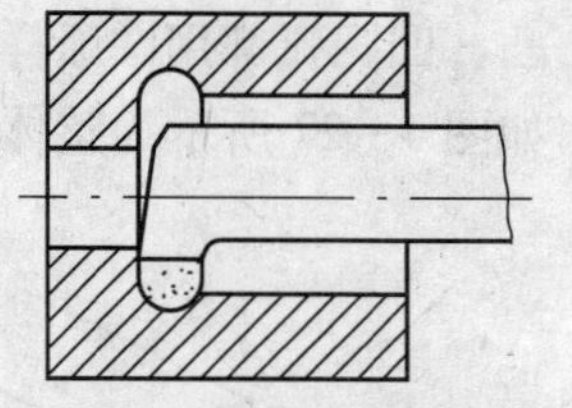

图 4—29　普通内圆弧成形刀

四、训练课题

加工锤头前的准备工作：

1. 审图

按图 4—30 所示的要求加工锤头（注：此件加工后，用于装配如图 7—31 所示的组合锤）。

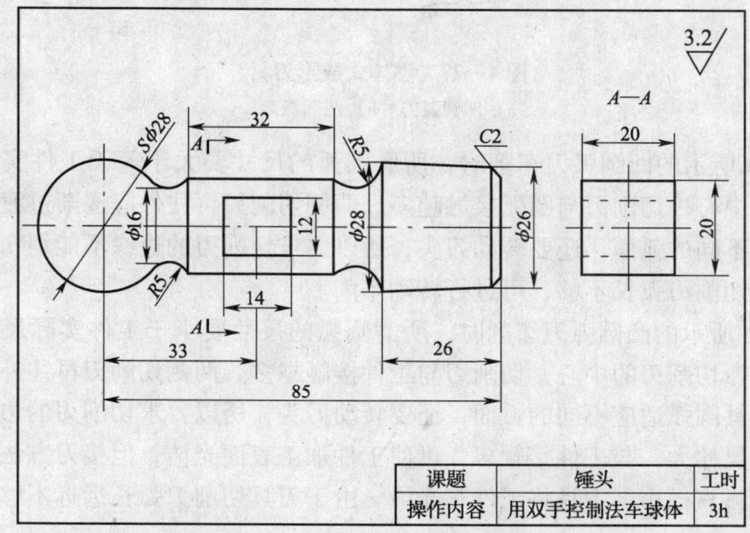

图 4—30　锤头

2. 材料

45 钢，尺寸为 ϕ30 mm × 103 mm 的棒料。

3. 设备

CA6136（或 CA6140）型车床（三爪自定心卡盘）。

4. 工装

90°车刀，45°车刀，*R*4 mm 的外圆弧刀，中心钻 A2/5 及钻夹具，回转顶尖，游标卡尺 0.02 mm/（0 ~ 150 mm）。

五、训练指导

操作步骤及加工简图

加 工 步 骤	加 工 简 图
1. 将工件伸出 80 mm 长后夹紧 （1）车削端面 （2）车外圆 $\phi(28 \pm 0.2)$ mm，长度为 71 mm （3）车锥体 （4）车圆弧槽	

续表

加工步骤	加工简图
2. 将工件掉头装夹 （1）切断并保证总长为100 mm （2）精车平面 （3）用圆弧刀车 $S\phi28$ mm 的圆球	

注：锤头车完后，中部20 mm×20 mm的方形外轮廓及14 mm×12 mm的内槽需要铣削和钻削加工。

任务5　缠绕弹簧

学习目标

学习缠绕弹簧的技术

知识点

缠绕弹簧时的计算

技能点

通过缠制压缩弹簧，掌握制作弹簧的工装和弹簧缠制技术

一、明确任务

缠绕弹簧时的计算值及经验值。缠绕弹簧应做出的心轴和夹具等。

二、实施任务

圆形截面圆柱螺旋压缩弹簧如图4—31所示，缠绕弹簧时应按计算值及经验值试验得出。缠绕弹簧前还应做出相应的心轴和夹具等。

三、知识链接

1. 绕制圆柱形螺旋弹簧用心轴直径的经验公式

$$D_0=\left[\left(1-0.0167\times\frac{d+D_1}{d}\right)\pm0.02\right]D_1$$

式中　D_0——心轴直径，mm；

D_1——弹簧内径，mm；

d——钢丝直径，mm。

2. 冷绕弹簧用心轴直径的近似计算公式

$$D_0=(0.75\sim0.8)D_1$$

若弹簧以内径与其他零件相配合，近似计算公式中的系数应选取较大值；若弹簧以外径与其他零件相配合，近似计算公式中的系数应选取较小值。

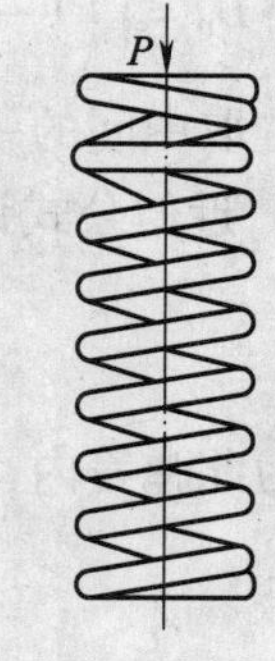

图4—31　圆形截面圆柱螺旋压缩弹簧

四、训练课题

1. 缠绕弹簧前的准备工作

（1）审图

按图4—32所示的要求缠绕弹簧（注：此件加工后，用于装配如图7—32所示的安全卡盘扳手）。

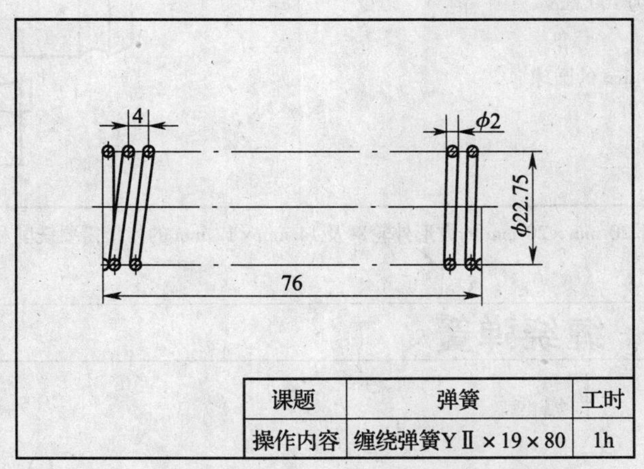

图4—32　弹簧

（2）材料

$\phi 2$ mm的弹簧钢丝。

（3）设备

CA6136（或CA6140）型车床（三爪自定心卡盘）。

（4）工装

压板、心轴、钳子。

2. 绕制圆柱形螺旋弹簧用心轴直径的计算

（1）根据经验公式计算

已知：钢丝直径为2 mm，弹簧中径 $D = 22.75$ mm，弹簧内径 $D_1 = D - d = 22.75 - 2 = 20.75$ mm，工件材料为弹簧钢丝，心轴系数取 -0.02 mm。

解：$D_0 = \left[\left(1 - 0.0167 \times \dfrac{2 + 20.75}{2}\right) \pm 0.02\right] \times 20.75 \approx 16.39 \sim 17.22$ mm

可选取中间的一个值。

（2）近似公式计算

$$
\begin{aligned}
D_0 &= (0.75 \sim 0.8) D_1 \\
&= (0.75 \sim 0.8) \times 20.75 = 15.56 \sim 16.6 \text{ mm}
\end{aligned}
$$

因为此弹簧内、外都需要配合，故可取中间值16.08 mm左右。

五、训练指导

加工步骤与加工简图

加 工 步 骤	加 工 简 图
用卡爪夹紧心轴与钢丝： 1. 缠制 2 ~ 3 圈后进行试验，修正心轴直径 2. 按规定的节距缠制弹簧至所需长度 3. 剪断、磨平、淬火	

思考题

1. 怎样选择与装夹滚花刀？
2. 在车床上怎样用锉刀锉削与用砂布抛光工件？
3. 45°直角三角形三边的比例是多少？
4. 试写出勾股定理的公式。
5. 试写出弓形公式。
6. 试利用几何知识计算如图 4—30 所示的锤头中 $R5$ mm 的圆弧的轴向坐标尺寸。
7. 怎样刃磨和修光圆弧刀具？
8. 刃磨圆弧刀时需注意什么？
9. 成形面需要用什么方法加工？

第五单元　圆锥面的加工

模块一　标准锥度与锥角的加工

任务1　圆锥面加工概述

学习目标

掌握圆锥面的有关计算方法及锥度加工中切削用量的知识

知识点

①车削圆锥面的有关计算方法

②刀具的刃磨

③锥度加工中切削用量的选择

技能点

圆锥角度的计算

一、明确任务

在机械制造中，有许多圆锥面配合的机械零件，它们承担着机器各个部位的运动连接，精度较高，例如，车床尾座套筒中的莫氏锥孔与顶尖、麻花钻锥柄的自锁锥面配合，垂直传递动力的锥齿轮等。

圆锥工件锥面的精度主要包括尺寸精度及角度精度，有锥面配合时，有接触面的接触率（%）要求。

二、实施任务

1．磨削必要的刀具

在内、外锥面工件的加工过程中主要需完成工件的角度计算，内、外锥面的车削等步骤，并且需磨削必要的刀具进行加工。车削外圆锥面时用90°车刀和45°车刀，车削内圆锥面时用钻头粗钻孔并用各种内孔车刀车锥面，如图5—1所示为车削简单内、外锥面的车刀。

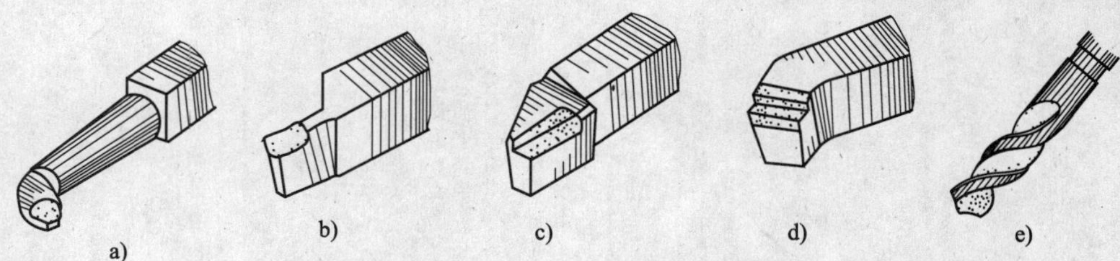

图5—1　车削简单内、外锥面的车刀

a）内孔车刀　b）切断刀　c）90°车刀　d）45°车刀　e）钻头

2. 锥度的计算

圆锥各部分的尺寸如图 5—2 所示。

（1）大端直径 D 是指圆锥体中的大端尺寸。

（2）小端直径 d 是指圆锥体中的小端尺寸。

（3）圆锥角 α 是指在通过圆锥轴线的截面内，两条素线之间的夹角。

（4）圆锥半角 $\alpha/2$ 是指圆锥角的一半。

（5）圆锥长度 L 是指圆锥体大端直径与小端直径之间的垂直距离。

（6）锥度 C 是指圆锥大端直径与小端直径之差与圆锥长度之比，$C=\dfrac{D-d}{L}$。

（7）斜度 $C/2$ 是指锥度的一半，$\dfrac{C}{2}=\tan\dfrac{\alpha}{2}=\dfrac{D-d}{2L}$。

（8）当如图 5—3 所示，求圆锥任意长度处的直径时，可得：

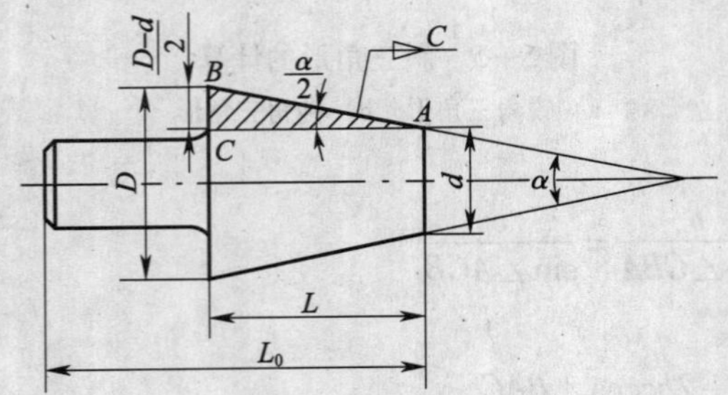

图 5—2　圆锥各部分的尺寸

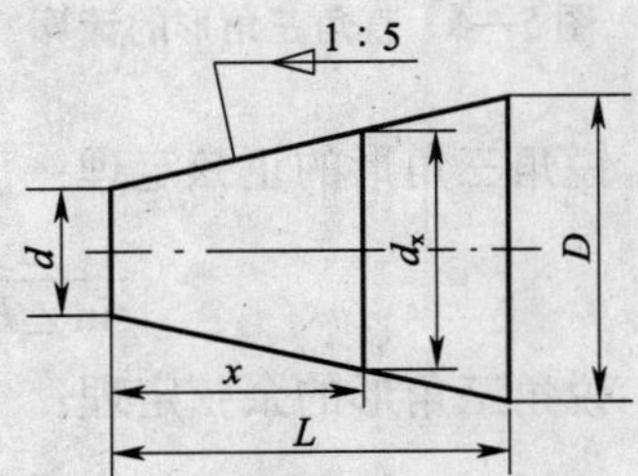

图 5—3　求任意长度处的直径

$$d_x=d+Cx \text{ 或 } d_x=D-Cx$$

式中　x——任意长度，mm。

例 5—1　如图 5—2 所示的锥体，已知大端直径为 24 mm，锥度 $C=1:5$，锥体长为 20 mm，求小端直径？

解： $d=24-20\times\dfrac{1}{5}=20$ mm

3. 车刀的安装

车刀刀尖必须严格与主轴轴线等高，刀尖高于或低于工件回转中心都会使圆锥的素线不直，在圆锥表面全长上呈现中间凸起或凹下的现象。

三、知识链接

1. 常用三角计算公式

常用直角三角形的计算如图 5—4 所示。

（1）正弦 $\sin\alpha=\dfrac{a}{c}$

（2）余弦 $\cos\alpha=\dfrac{b}{c}$

（3）$\tan\alpha=\dfrac{a}{b}$

（4）$\cot\alpha=\dfrac{b}{a}$

（5）$c = \sqrt{a^2 + b^2}$

2. 典型三角函数值

（1）正弦值：$\sin 30° = 0.5$，$\sin 45° = 0.707$，$\sin 60° = 0.866$

（2）余弦值：$\cos 30° = 0.866$，$\cos 45° = 0.707$，$\cos 60° = 0.5$

（3）正切值：$\tan 30° = 0.577$，$\tan 45° = 1$，$\tan 60° = 1.732$

3. 斜三角形的计算

斜三角形的计算如图 5—5 所示。

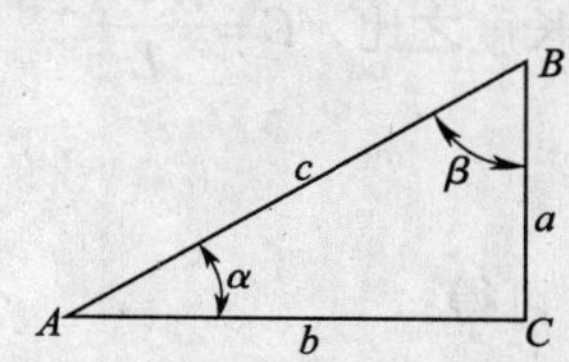

图 5—4　直角三角形的计算

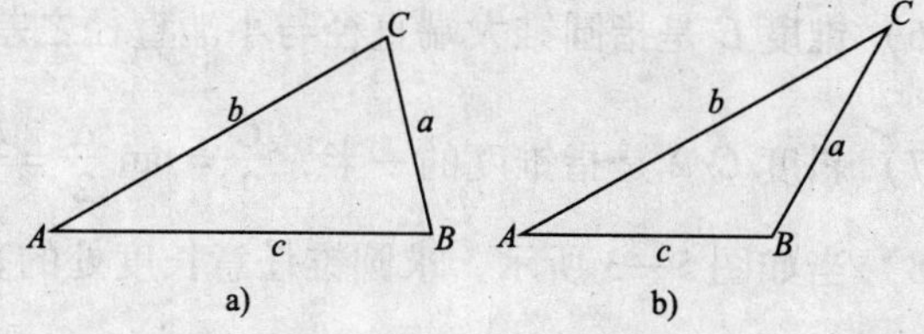

图 5—5　斜三角形的计算

a）锐角三角形　b）钝角三角形

（1）锐角三角形的正弦定理：

$$\frac{a}{\sin\angle BAC} = \frac{b}{\sin\angle CBA} = \frac{c}{\sin\angle ACB}$$

（2）锐角三角形的余弦定理：

$$a^2 = b^2 + c^2 - 2bc\cos\angle BAC$$

四、训练课题

1. 加工前柄外锥面前的准备工作

（1）审图

按图 5—6 所示的要求加工组合锤的前柄（注：此件加工后，用于装配如图 7—31 所示的组合锤）。

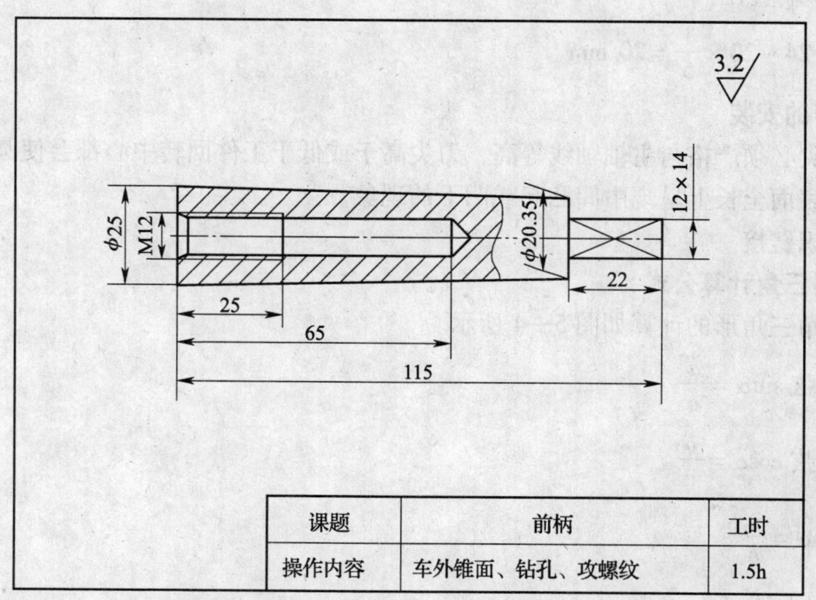

课题	前柄	工时
操作内容	车外锥面、钻孔、攻螺纹	1.5h

图 5—6　前柄

（2）材料

45 钢，尺寸为 ϕ30 mm×120 mm 的棒料。

（3）设备

CA6136（或 CA6140）型车床（三爪自定心卡盘）。

（4）工装

90°车刀，45°车刀，ϕ10.2 mm 的钻头，M12 的丝锥，中心钻 A2/5 及钻夹具，回转顶尖，游标卡尺 0.02 mm/（0～150 mm）。

2. 试题

（1）选择题

1）等边三角形的边长 a 为 1.155h，则垂线高 h 为（　　）。

A. 0.866a　　B. 1.155h　　C. 11.55　　D. 8.66

2）等边三角形的垂线高 h 为 0.866a，则边长 a 为（　　）。

A. 0.866a　　B. 1.155h　　C. 11.55　　D. 8.66

3）等边三角形的垂线高 h 为 10 mm，则边长 a 为（　　）mm。

A. 0.866a　　B. 11.55h　　C. 11.55　　D. 8.66

4）等边三角形的边长 a 为 10 mm，则垂线高 h 为（　　）mm。

A. 8.66a　　B. 1.155h　　C. 11.55　　D. 8.66

5）在锐角为 30°的直角三角形中，其对边与斜边和邻边之比为（　　）。

A. $1:2:\sqrt{3}$　　B. 1:2:3　　C. $1:\sqrt{2}:3$　　D. 1:2:4

6）在锐角为 30°的直角三角形中，斜边为 20 mm 时，邻边为（　　）mm。

A. 10　　B. 15　　C. 20　　D. 17.32

7）在锐角为 30°的直角三角形中，对边为 10 mm 时，邻边为（　　）mm。

A. 20　　B. 10　　C. 40　　D. 17.32

8）在锐角为 60°的直角三角形中，对边与邻边的比值为（　　）。

A. 4　　B. 3　　C. 2　　D. 1.732

（2）判断题

1）在锐角为 30°的直角三角形中，对边为 10 mm 时，斜边为 20 mm。（　　）

2）在锐角为 30°的直角三角形中，斜边为 20 mm 时，对边为 17.32 mm。（　　）

3）在锐角为 30°的直角三角形中，邻边为 17.32 mm 时，对边为 20 mm。（　　）

4）在锐角为 60°的直角三角形中，邻边与斜边的比值为 0.5。（　　）

五、训练指导

1. 操作步骤及加工简图

加工步骤	加工简图
1. 将工件伸出 30 mm 后夹紧 车外圆 ϕ20 mm，长 21 mm 2. 掉头夹住 ϕ20 mm 的外圆 （1）车平端面 （2）钻中心孔，用后顶尖顶上 （3）车 1:20 的圆锥 （4）钻 ϕ10.2 mm 的孔，用丝锥攻 M12 的螺纹	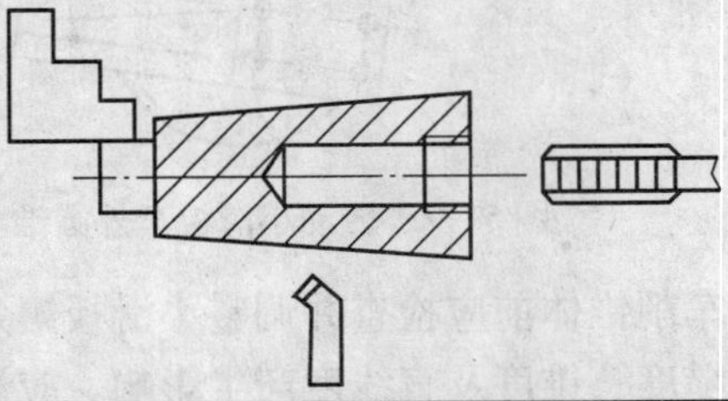

2. 试题

（1）选择题

1）A　2）B　3）C　4）D　5）A　6）D　7）D　8）D

（2）判断题

1）√　2）×　3）×　4）√

3. 注意事项

四方可用铣床铣削或由钳工加工。

任务 2　用转动小滑板法车削锥体工件

学习目标

掌握转动小滑板的方法，掌握车削圆锥面时产生质量问题的原因及解决办法

知识点

①转动小滑板车削锥体工件的方法

②车削圆锥面时产生质量问题的原因及解决办法

③用转动小滑板法车削标准圆锥，用涂色法检验圆锥面时接触面积大于等于65%

技能点

能够用转动小滑板的方法车削锥体工件

一、明确任务

转动小滑板车削锥体工件时，可采取各种校正角度的方法，锥度较小时，要求用锥度量规采用涂色法检验圆锥面；锥度较大时，用角度样板和万能角度尺检验。

二、实施任务

1. 调整小滑板镶条

车较短的圆锥时，可以采用转动小滑板法。车削时只要把小滑板转动一定的角度，使车刀的运动轨迹与所要车削的圆锥素线平行即可。如图 5—7 所示为转动小滑板车外圆锥，如图5—8 所示为转动小滑板车内圆锥。

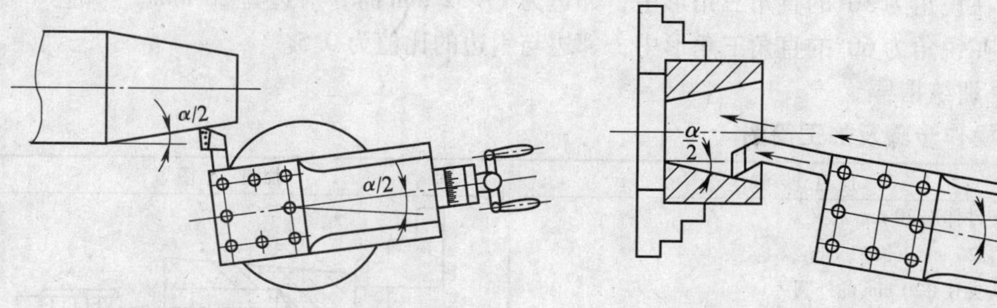

图 5—7　转动小滑板车外圆锥　　　图 5—8　转动小滑板车内圆锥

车削锥体前应检查并调整小滑板镶条的松紧程度，镶条塞得过紧或过松都会对工件的表面粗糙度、锥度及直线度产生影响。应调至摇动小滑板手柄无过松或过紧的感觉为止。

2. 调整转盘角度

采用转动小滑板法车内、外圆锥时，转盘可回转 ±90°。用扳手将转盘螺母松开，转动转盘，使转盘上的基准零线与中滑板上的角度刻度对齐后将螺母锁紧。转盘转过的角度可比计算值稍大 10′～20′，而不能小于计算值。因为车削精度较高的锥体时，须经试车削后将角度逐渐校正至图样要求，如果转盘转过的角度小于圆锥半角，会将圆锥面车长而产生废品。也可用磁座百分表粗校锥度，将转盘转过所需的圆锥半角后稍加紧固，把磁力百分表的表座吸在床身导轨上，使百分表的测量头垂直接触在小滑板的侧边，如图 5—9 所示。床鞍移动距离为 b，同时观察百分表指示移动的数值 c，当 c 等于圆锥半角 $\alpha/2$ 的正切值与 b 的乘积时，小滑板转过的角度正确；如不等，需调整小滑板转动的角度，重复上述动作，直至相等为止，校准锥度后将转盘锁紧。

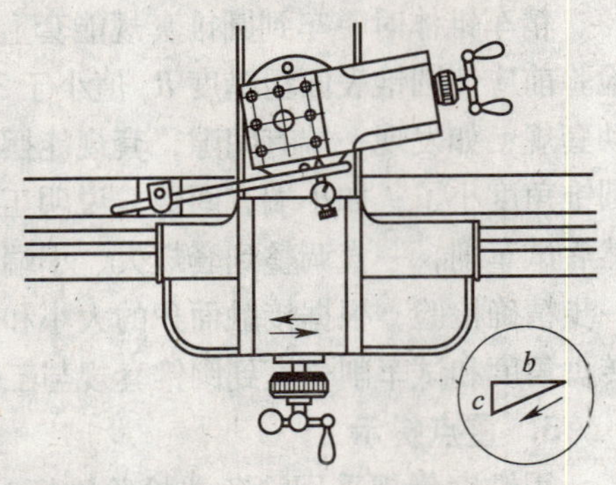

图 5—9 用百分表校正小滑板转动的角度

例 5—2 当加工如图 5—10 所示的锥度为 1∶5 的零件时，如床鞍移动距离 b 为 50 mm，百分表指示移动的数值 c 应为：

$$c = b\tan\frac{\alpha}{2} = b\frac{C}{2} = \frac{\frac{1}{5}}{2} \times 50 = 5\ \text{mm}$$

如需车削的工件有样件或标准锥度塞规等，可将样件或标准锥度塞规装在两顶尖之间，将转盘转过圆锥半角 $\alpha/2$，同时在刀架上装一块百分表，使百分表的测量头垂直接触样件或锥度塞规（必须对准样件中心），移动小滑板，如百分表的指针摆动为零，说明小滑板转动的角度正确，如图 5—11 所示；否则，需继续调整小滑板转动的角度，直至百分表的指针摆动为零为止。

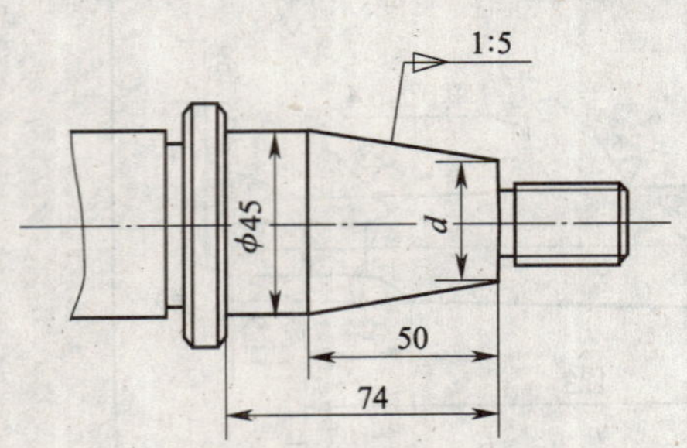

图 5—10 锥度为 1∶5 的零件

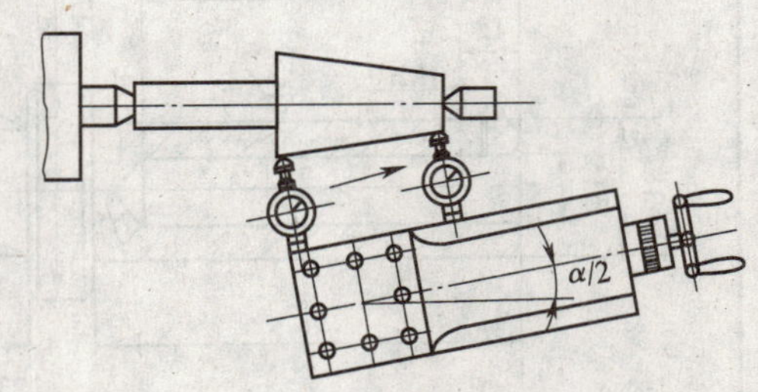

图 5—11 利用锥度塞规校正小滑板转动的角度

3. 确定小滑板的工作行程

小滑板的工作行程（CA6140 型车床小滑板最大行程为 140 mm）应大于锥体长度。将小滑板退至工作行程的起始位置，试移动一次，检查小滑板工作行程的起止位置是否满足加工要求。

三、知识链接

1. 确定车圆锥的背吃刀量

开动车床，先调整床鞍与工件的相对位置，移动中、小滑板使刀尖与工件右端外圆轻轻接触后，将小滑板退至工作行程起始位置，将中滑板刻度调至零位。粗车锥体时，根据加工

余量大小确定背吃刀量，车削时双手交替摇动小滑板手柄，使手动进给速度连续且均匀。

在粗车过程中应利用工件的切削余量校正圆锥体角度。车削圆锥半角较大或精度要求低的锥体工件时，可用万能角度尺或样板检验；车削标准圆锥或配合精度要求较高的锥体工件时，可用锥度量规检验。

2. 精车锥体时锥度的校验

精车锥体时，车到圆锥套规能套上锥体长度一半时，即可检验并校准锥度了。用圆锥套规检验前应使圆锥表面粗糙度 R_a 值小于 3.2 μm。检验时将圆锥套规轻轻套在工件圆锥面上，摆动套规，如发现一端有间隙，套规能摆动，说明圆锥角度不正确。如大端有间隙，说明工件的圆锥角度小了；如小端有间隙，说明工件的圆锥角度大了。此时应调整刀架转盘转过的角度，然后试车削，一直调整到套规大、小端均不摆动时，说明圆锥角度基本正确。然后用涂色法进一步精确检验，根据接触面积的大小和位置来判断转盘应转过角度的大小与方向，经反复调整转盘角度和试车削，直到圆锥套规与工件圆锥面接触面积大于65%时，将圆锥体车至尺寸。

3. 重点提示

用锥度量规采用涂色法检验锥柄时，涂色时应均匀涂在工件左右两侧，将量规套在工件外圆锥面上，手握量规转动，应注意左右两侧用力要均匀。转动量规时不能超过半周。

四、训练课题

通过加工攻、套螺纹工具锥柄，应初步掌握工件的装夹以及工件的钻削、外圆锥面的车削等基本工艺知识，并能用莫氏量规检查锥柄。

1. 审图

按图 5—12 所示的要求加工攻、套螺纹工具锥柄（注：此件加工后，用于装配如图 7—30 所示的攻、套螺纹工具）。

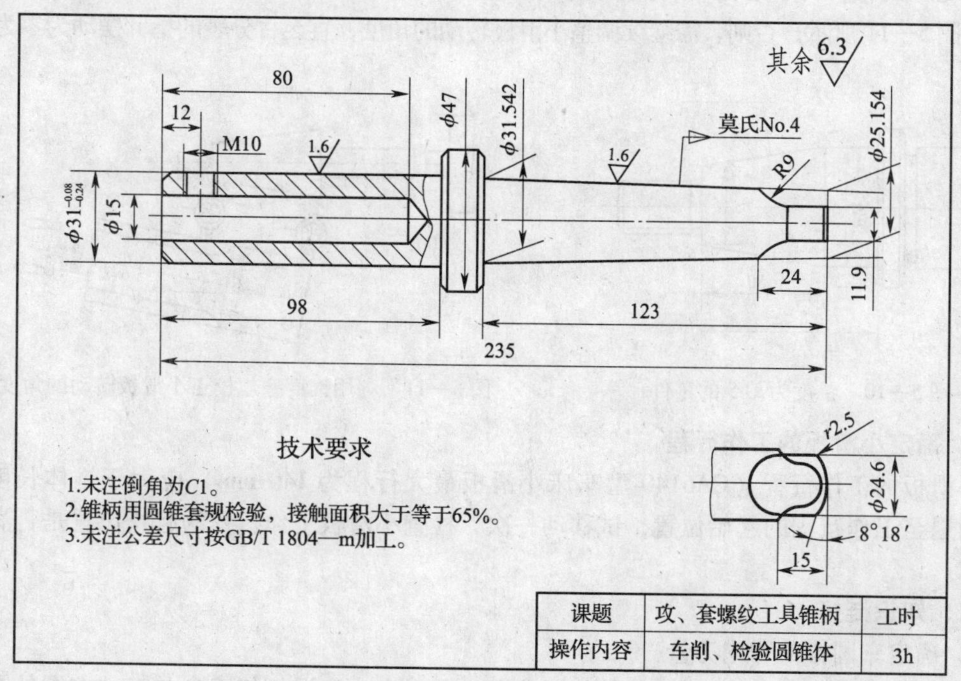

图 5—12　攻、套螺纹工具锥柄

2. 材料

45 钢，尺寸为 ϕ50 mm×240 mm 的棒料。

3. 设备

CA6140 型车床（三爪自定心卡盘），相应的卡盘扳手和刀架扳手各一副。

4. 工装

90°车刀，45°车刀，R2.5 mm 的圆弧刀，中心钻 A2.5/6.3 及钻夹具，ϕ15 mm 的钻头，游标卡尺 0.02 mm/（0～300 mm），莫氏 4 号锥度量规，回转顶尖。

五、训练指导

1. 操作步骤及加工简图

操作步骤	加工简图
1. 夹住工件，伸出长度为 120 mm （1）车端面，钻孔 ϕ15 mm （2）粗、精车外径 $\phi31^{-0.08}_{-0.24}$ mm 和 ϕ47 mm （3）$\phi31^{-0.08}_{-0.24}$ mm 和 ϕ47 mm 的外圆处倒角 C1 mm	
2. 夹住 $\phi31^{-0.08}_{-0.24}$ mm 的外圆部位（注意找正，与锥柄同轴） （1）车端面，控制长度为 235 mm （2）车锥柄部分长度为 123 mm，直径为 33 mm （3）摇小滑板车锥度（查相关的莫氏锥度表，莫氏 4 号锥度斜角为 1°29′15″），用莫氏 4 号锥度量规测量，接触面积大于等于 65% （4）车锥尾 ϕ24.6 mm×15 mm，倒端面角度8°18′，用 R2.5 mm 的圆弧刀车 r2.5 mm	

2. 注意事项

用红丹粉研合锥柄时，沿工件素线涂抹两道，用锥度量规转动半圈进行测量。

3. 课题评分标准

项目	序号	检测内容	配分	扣分标准	得分
外圆	1	莫氏 4 号锥度，接触面积大于等于 65%	20	每减少 5% 扣该项配分的1/2	
	2	锥面 R_a≤1.6 μm	15	R_a 每降 1 级扣该项配分的 1/2	
	3	$\phi31^{-0.08}_{-0.24}$ mm，R_a≤1.6 μm	10，13	每超差 0.01 mm 扣该项配分的 1/2 R_a 每降 1 级扣该项配分的 1/2	
	4	ϕ47 mm，ϕ24.6 mm	4×2	未注公差超差不得分	
内孔	5	ϕ15 mm	4	未注公差超差不得分	
长度	6	80，98，123，235 mm	4×4	超注公差超差不得分	
表面粗糙度	7	R_a≤6.3 μm（7 处）	2×7	R_a 每降 1 级扣该项配分的1/2	
合计			100		

姓名		操作时间	时　分始 时　分止	日期		考评教师	

任务 3　用偏移尾座法车削锥体工件

学习目标

掌握偏移尾座法车削锥体工件的方法，掌握车削圆锥面时产生质量问题的原因及解决办法

知识点

用偏移尾座法车削锥体工件时尾座偏移量的计算

技能点

能够用百分表和试棒调整尾座中心，并能用偏移尾座法车削锥体工件

一、明确任务

用偏移尾座法车削锥体工件用在批量较大而且角度较小的场合，为了保证批量零件的角度，偏移尾座时要进行计算和检验，待首件合格后再投入批量生产。

二、实施任务

在两顶尖之间车削圆柱体时，床鞍是平行于主轴轴线移动的，若将尾座横向移动一段距离 S 后（见图 5—13），则工件旋转轴线与车刀纵向进给轨迹线相交成一个角度 $\alpha/2$，因此，工件就车成了一个圆锥，如图 5—13 所示。采用偏移尾座的方法车削外圆锥时，必须注意尾座的偏移量不仅与圆锥部分的长度 L 有关，而且还与两顶尖之间的距离有关，这段距离一般可以近似看做工件全长 L_0。

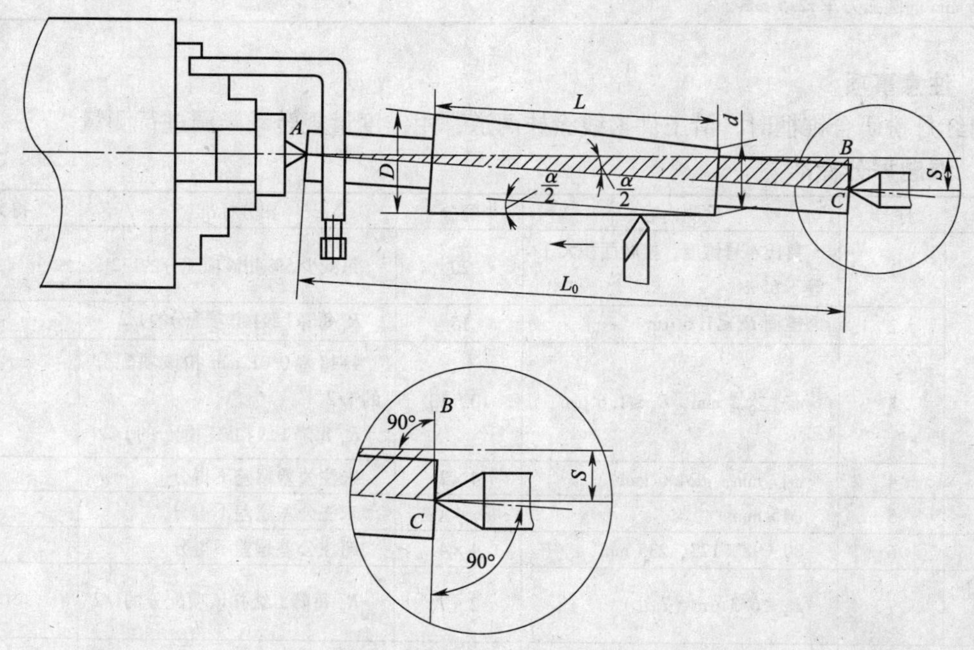

图 5—13　用偏移尾座法车圆锥

三、知识链接

1. 尾座偏移量可根据下列公式计算，即：

$$S = \frac{D-d}{2L}L_0 \quad 或 \quad S = \frac{C}{2}L_0$$

式中 S——尾座偏移量，mm；

D——圆锥大端直径，mm；

d——圆锥小端直径，mm；

L——圆锥长度，mm；

L_0——工件全长，mm。

2. 证明：在△ABC 中，$BC = AC\sin\frac{\alpha}{2}$，$AC = L_0$，$BC = S$，$S = L_0\sin\frac{\alpha}{2}$

当圆锥半角小于 8°时，$\sin\frac{\alpha}{2} \approx \tan\frac{\alpha}{2}$，$S = L_0\tan\frac{\alpha}{2} = \frac{D-d}{2L}L_0 = \frac{C}{2}L_0$

例 5—3 在如图 5—14 所示的外圆锥中，$D = 40$ mm，$C = 1:20$，$L = 120$ mm，$L_0 =$ 160 mm，求尾座偏移量 S。

解：$S = \frac{C}{2}L_0 = \frac{\frac{1}{20}}{2} \times 160 = 4$ mm

3. 测量尾座偏移量的方法

尾座偏移量 S 计算出来后，就可以根据尾座偏移量 S 来移动尾座的上层，偏移尾座常用的方法是：使百分表触头与主轴轴线等高后与尾座套筒接触，如图 5—15 所示，然后偏移尾座（参考尾座后端刻线），当百分表指示值到达 S 后，即可把尾座固定。经试车后进行微调，最后固定尾座再进行批量生产。

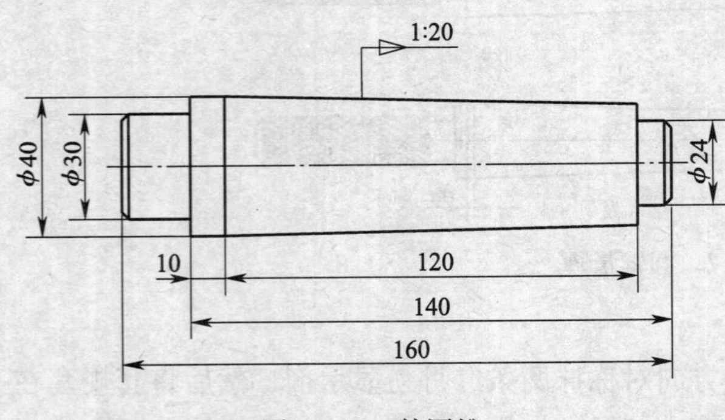

图 5—14 外圆锥

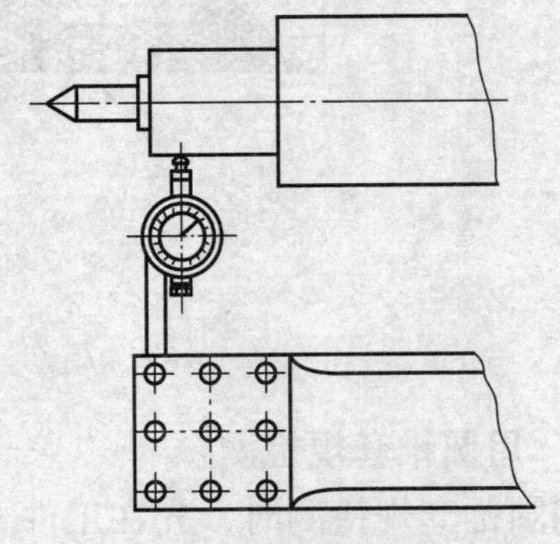

图 5—15 用百分表测量尾座偏移量

四、训练课题

用偏移尾座法车削如图 5—16 所示的锥柄。

五、训练指导

1. 计算尾座偏移量

已知：莫氏 4 号锥柄的圆锥角为 2°58′31″，$L = 90$ mm，$L_0 = 120$ mm，莫氏 4 号锥度为 1∶19.254。

利用公式：$S = L_0\tan\frac{\alpha}{2} = \frac{D-d}{2L}L_0 = \frac{C}{2}L_0$

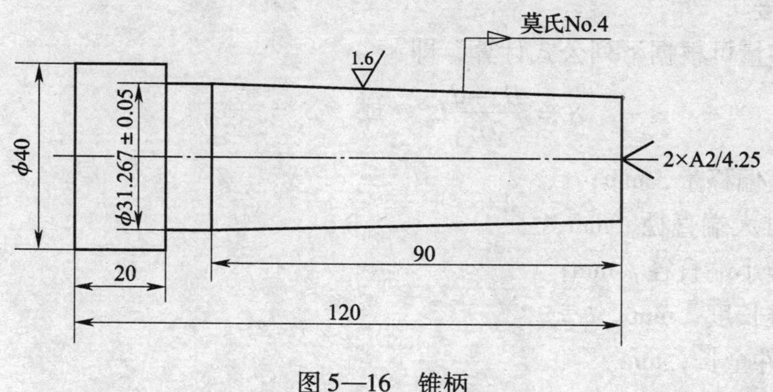

图 5—16　锥柄

$$S = L_0 \tan\frac{\alpha}{2} = 120 \times \tan 1°29'15'' = 120 \times \tan 1.4875° \approx 3.116\ \text{mm}$$

或

$$S = \frac{C}{2}L_0 = \frac{\frac{1}{19.254}}{2} \times 120 \approx 3.116\ \text{mm}$$

2. 用百分表测量尾座偏移量

使百分表触头与主轴轴线等高后与尾座套筒接触，不锁紧尾座，用内六角扳手松开尾座上层一侧的螺钉，紧另一侧的螺钉，使尾座偏移，达到偏移量 3.116 mm（参考尾座后端刻线）后，紧固尾座，用两顶尖支撑工件进行试车，再进行微调，并用圆锥量规（见图 5—17）进行检测。

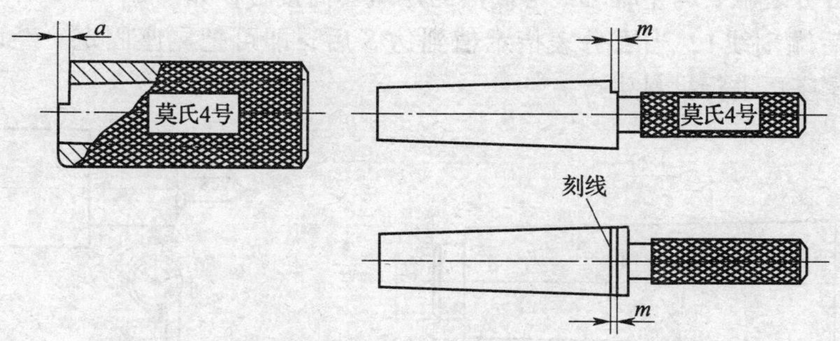

图 5—17　圆锥量规

3. 用圆锥套规检测

用圆锥套规检测时，先在工件上沿素线方向对称抹两条红丹粉显示剂，然后将套规套在工件上，用力均匀转动少半周，观察显示剂擦去情况。如果接触部位均匀，说明锥面角度正确，假如小端擦着，大端没擦去，说明圆锥角小了；反之，则说明圆锥角大了。

当用圆锥套规检测圆锥体时，显示剂两端被擦去，中间不接触；或用圆锥塞规检测内圆锥时，中间显示剂被擦去，两端没有被擦去的痕迹，是由于刀尖没有对准工件轴线，使车出的圆锥素线不直，形成了双曲线误差，如图 5—18 所示。

4. 用偏移尾座法车削外圆锥的优缺点

（1）优点

1）在任何卧式车床上都可以使用。

2）由于采用自动进给车圆锥面，表面质量得以保证。

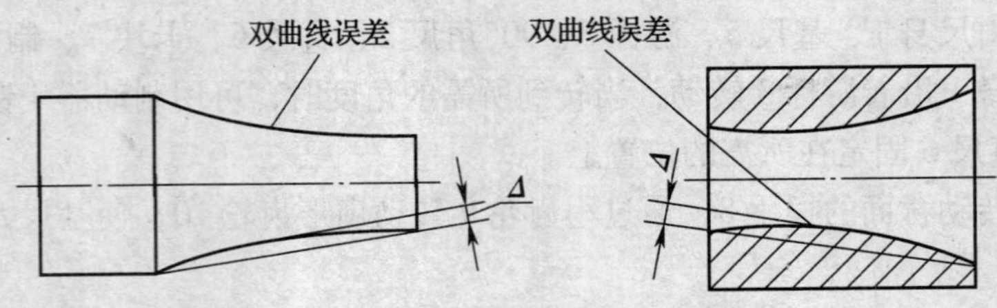

图 5—18　圆锥表面的双曲线误差

3）能车较长的锥体。

（2）缺点

1）由于中心孔在顶尖歪斜的情况下支顶，接触不良，中心孔及顶尖都易磨损。

2）受尾座偏移量的限制，不能车锥度较大的工件。

模块二　零件结构性设计的任意圆锥角加工

任务 1　用转动小滑板法车削锥度量规

学习目标

用转动小滑板的方法车削任意圆锥角，用万能角度尺测量任意圆锥角

知识点

用万能角度尺测量锥度，并进行配合加工

技能点

能够车削内、外圆锥面并达到以下要求：

①圆锥角公差等级：AT9 级

②表面粗糙度：$R_a \leqslant 3.2$ μm

③圆锥面对测量基准的跳动公差：IT9 级

④能够使用万能角度尺测量圆锥面

⑤配合接触率达到 65%

一、明确任务

车削锥度量规。

二、实施任务

本任务中的锥度量规要用一根棒料车削而成，塞规与套规统一先滚花，在套规部分钻孔后再切断。先精车塞规，待锥度经检验准确后，再去配研套规。锥度需检验准确，并应掌握涂红丹粉配研的方法。

三、知识链接

1. 万能角度尺

（1）结构原理

万能角度尺的结构如图 5—19 所示。它可以测量 0°～320°范围内的任何角度。

万能角度尺由尺身 1、基尺 5、游标 3、90°角尺 2、直尺 6、卡块 7、制动器 4 等组成。基尺 5 可带着尺身 1 沿着游标 3 转动，当转到所需的角度时，可用制动器 4 锁紧。卡块 7 可将 90°角尺 2 和直尺 6 固定在所需的位置上。

测量时，可转动背面的捏手 8，通过小齿轮 9 转动扇形齿轮 10；使基尺 5 改变角度，如图 5—19b 所示。

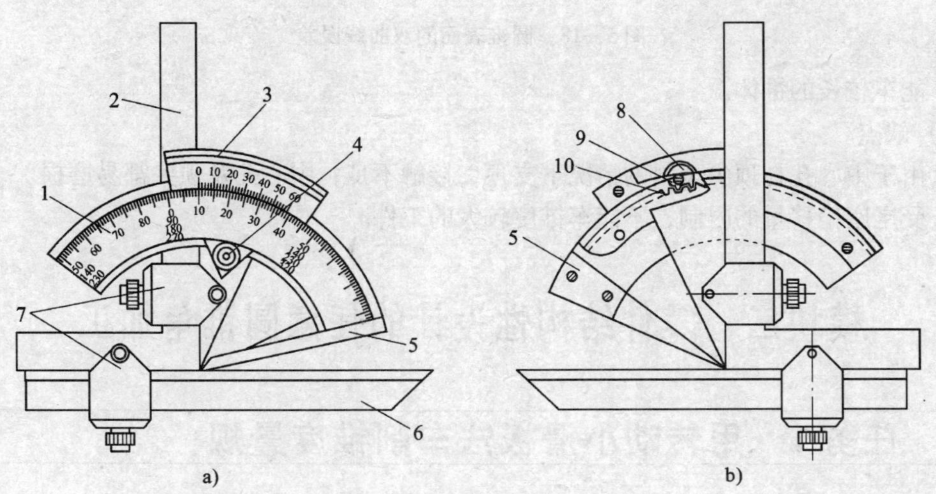

图 5—19　万能角度尺的结构

a）主视图　b）后视图

1—尺身　2—90°角尺　3—游标　4—制动器　5—基尺　6—直尺　7—卡块

8—捏手　9—小齿轮　10—扇形齿轮

（2）分度值为 2′的万能角度尺的读数原理

分度值为 2′的万能角度尺的读数原理如图 5—20a 所示，尺身每格为 1°，游标上总角度为 29°，并分成 30 格。因此，游标上每格的刻度值为 $\frac{29°}{30}=\frac{60'\times29}{30}=58'$，尺身一格与游标一格之间相差：$1°-58'=2'$，即这种万能角度尺的分度值为 2′。

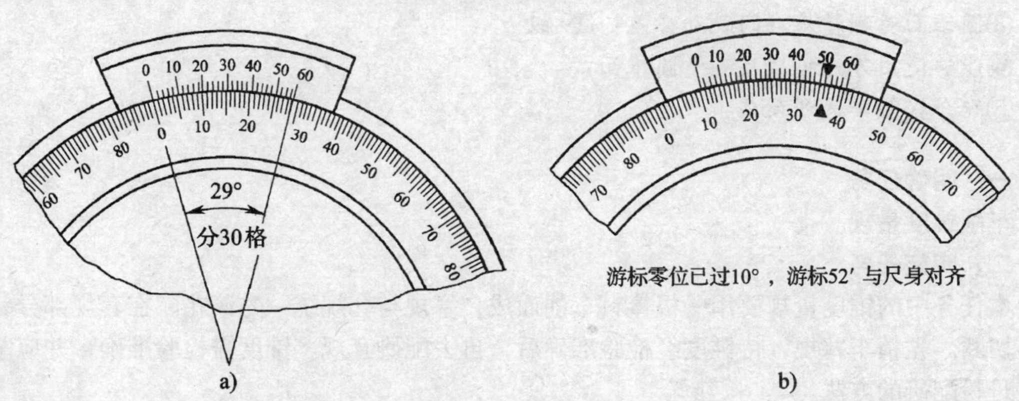

图 5—20　分度值为 2′的万能角度尺的读数原理及读数方法

a）读数原理　b）读数方法

万能角度尺的读数方法与游标卡尺相似，如图 5—20b 所示，首先从尺身上读出游标“0”线左边角度的整度数（°），即 10°；然后用与尺身刻线对齐的游标上的刻线格数乘以万

能角度尺的分度值，得到角度的分值（′），即 26 × 2′ = 52′；最后将两者相加，则读数为 10°52′。

2. 用万能角度尺测量锥度

用万能角度尺测量工件锥度的方法如图 5—21 所示。

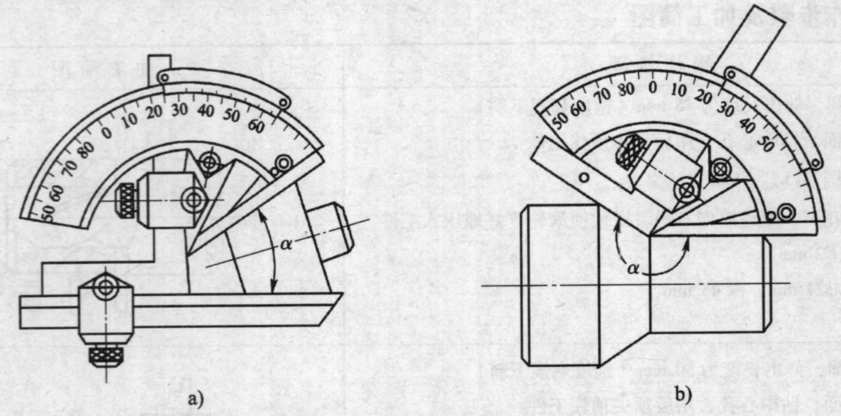

图 5—21　用万能角度尺测工件锥度的方法

a）0° ~50°　b）140° ~230°

四、训练课题

锥度量规加工前的准备工作：

掌握内、外锥面配合加工的方法，掌握滚花的方法。

1. 审图

按图 5—22 所示的要求加工锥度量规。

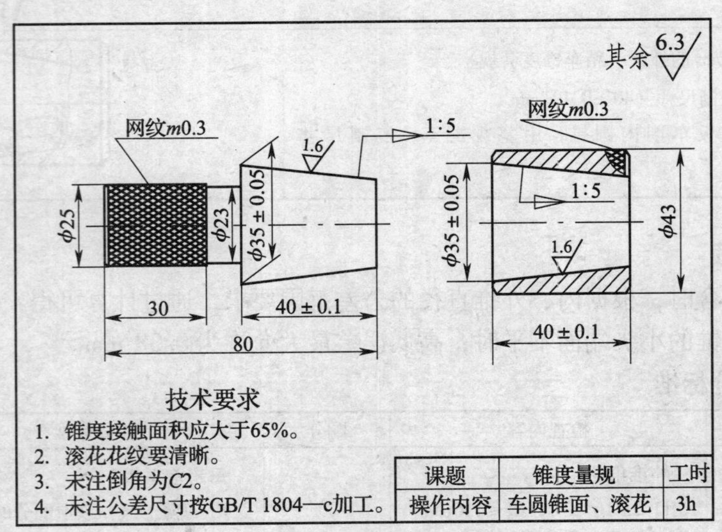

图 5—22　锥度量规

2. 材料

45 钢，尺寸为 ϕ45 mm × 130 mm 的棒料 1 根。

3. 设备

CA6136 或 CA6140 型车床（三爪自定心卡盘）。

4. 工装

45°车刀，90°车刀，外径车槽刀，内孔60°车刀，内孔精车刀，切断刀，斜纹滚花刀，游标卡尺0.02 mm/（0~150 mm），万能角度尺2′/（0°~320°），ϕ21 mm的钻头及钻夹具。

五、训练指导

1. 操作步骤及加工简图

操作步骤	加工简图
1. 夹住外圆，伸出长度为45 mm（锥度套规下料） （1）车端面，钻中心孔，用后顶尖顶住工件 （2）车外圆 $\phi43_{-0.7}^{-0.2}$ mm （3）装滚花刀，滚轮略向右斜，以便使滚轮更好地压入工件 （4）倒角 $C2$ mm （5）钻孔 ϕ21 mm，深43 mm （6）切断	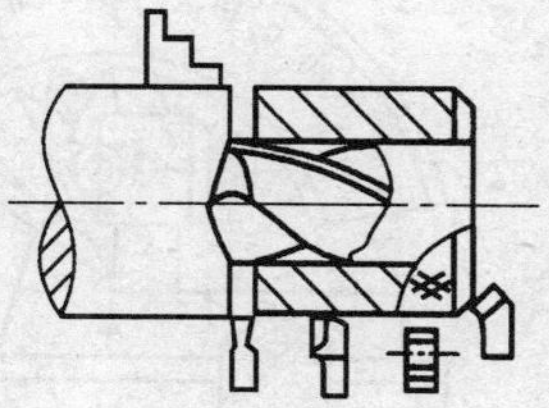
2. 夹住外圆，伸出长度为50 mm（锥度塞规下料） （1）车端面，钻中心孔，用后顶尖顶住工件 （2）车外圆 $\phi25_{-0.5}^{-0.2}$ mm，长40 mm （3）车外沟槽 ϕ23 mm×10 mm （4）滚花 （5）倒角 $C2$ mm	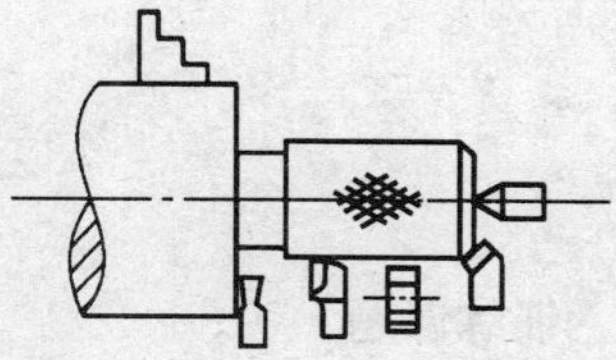
3. 夹住 $\phi25_{-0.5}^{-0.2}$ mm的外圆，伸出长度为50 mm（精车锥度塞规） （1）车端面，控制尺寸（40±0.1）mm及80 mm （2）摇动小滑板车削外圆锥，控制尺寸 ϕ(35±0.05) mm及1:5的锥度。	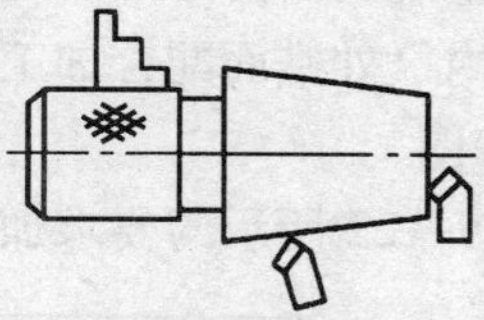
4. 夹住 $\phi43_{-0.7}^{-0.2}$ mm的外圆（精车锥度套规） （1）车端面，控制尺寸（40±0.1）mm （2）转动小滑板车削内圆锥，用塞规配车，控制尺寸 ϕ(35±0.05) mm	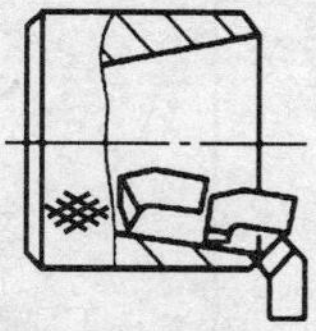

2. 注意事项

内、外锥配合时，根据内、外锥直径的公差范围要求，通过计算可得：内锥与外锥锥面配合后，内、外锥的小头端面不平时，高低误差最大允许为0.38 mm。

3. 课题评分标准

项目	序号	检查内容	配分	扣分标准	得分
外锥体	1	外锥角度 11°25′16″±4′，R_a≤1.6μm	6，6	每超差2′扣1分 R_a 每降1级扣该项配分的1/2	
	2	ϕ（35±0.05）mm， （40±0.1）mm	6，6	每超差0.05 mm扣该项配分的1/2	
	3	ϕ25 mm，滚花花纹	2，10	未注公差超差不得分 花纹不清晰扣该项配分的1/2	
	4	ϕ23，30，80 mm	2×3	未注公差超差不得分	

续表

项目	序号	检查内容	配分	扣分标准	得分
内锥体	5	内锥角度 11°25′16″±4′，R_a≤1.6 μm	6，6	每超差2′扣1分 R_a 每降1级扣该项配分的1/2	
	6	ϕ（35±0.05）mm，（40±0.1）mm	6，6	每超差0.05 mm 扣该项配分的1/2	
	7	ϕ43 mm，滚花花纹	2，10	未注公差超差不得分 花纹不清晰扣该项配分的1/2	
配合	8	内、外锥的小头端面不平时，高低误差最大允许为0.38 mm	10	每超差0.1 mm 扣该项配分的1/2	
	9	内、外锥配合接触面积大于等于65%	10	每下降5%扣该项配分的1/2	
其他	10	倒角 C2 mm	2	未注公差超差不得分	
合计			100		

姓名		操作时间	时　分始 时　分止	日期		考评教师	

任务2　用转动小滑板法车削任意圆锥角

学习目标

用几何角度的知识测定小滑板的旋转方向和角度；车削按结构性设计的任意圆锥角的内、外圆锥面；万能角度尺和角度样板的使用方法

知识点

用几何角度的知识测定小滑板的旋转方向并进行角度的有关计算

技能点

①能够按图样计算所需角度

②能够迅速确定小滑板的旋转方向和角度

③能够车削内、外圆锥面并达到以下要求：

a. 圆锥角公差等级：AT9 级

b. 表面粗糙度：R_a≤3.2 μm

c. 圆锥面对测量基准的跳动公差：IT9 级

d. 能够使用万能角度尺或角度样板透光检测圆锥面角度的正确性

一、明确任务

由于圆锥角度的标注方法不同，一般不能直接按图样上所标注的角度去转动小滑板，而

需换算出圆锥素线与车床主轴轴线的夹角 $\alpha/2$。用几何角度的知识测定小滑板的旋转方向和角度，然后转动小滑板调整角度。

二、实施任务

锥齿轮坯的主要加工要点在于掌握锥齿轮坯的加工工艺，提高用转动小滑板法车圆锥时锥体的测量与角度精度校正的熟练程度。

三、知识链接

1. 用交叉线法转动小滑板角度

由于圆锥角度的标注方法不同，不能直接按图样上所标注的角度去转动小滑板，而需换算出圆锥素线与车床主轴轴线的夹角 $\alpha/2$。

如图 5—23 所示，在图样的下方作两条直线，一条直线为主轴轴线的平行线，一条直线为工件圆锥表面素线的延长线，两条直线相交夹一锐角，即小滑板转动的角度。画角度弧线时的箭头由主轴轴线的平行线向圆锥表面素线的延长线旋转，即形成小滑板转动的方向，该转动方向总是从主轴轴线的平行线向上转动一个小于 90° 的角度，如车内圆锥的正锥（见图 5—23b 中的内锥 40°）时，转动方向为顺时针；车内圆锥的倒锥（见图 5—23a）时，转动方向为逆时针；车外圆锥的正锥（见图 5—23b 中的外锥 40°）时，转动方向为逆时针，而车外圆锥的倒锥 50°时为顺时针转动。以上用主轴轴线的平行线与圆锥表面素线的延长线相交的方法称为交叉线法，条件为：设计夹角应是锥面与主轴轴线的夹角，如不是时，应将其换算成与主轴轴线的夹角，如图 5—23b中的内锥 40°，它是锥面与端面的夹角，利用直角三角形互补原理，可知锥面与主轴轴线的夹角为 50°。

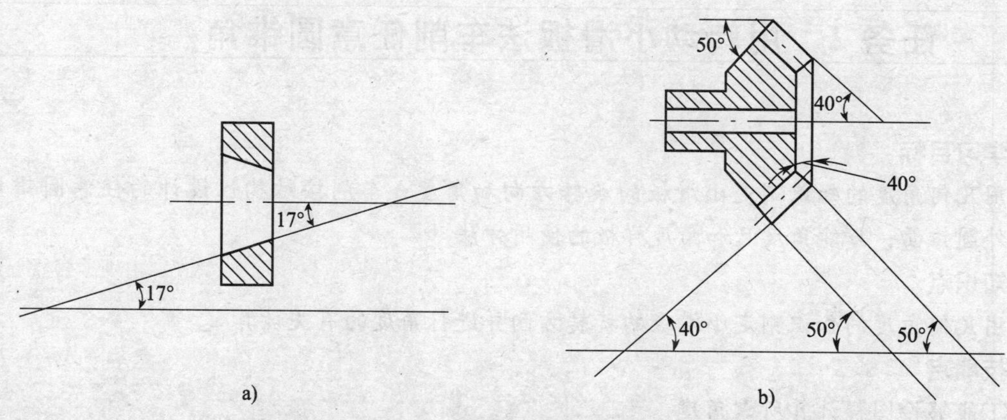

图 5—23　用交叉线法测定小滑板转动的角度和方向

a）内圆锥的倒锥　b）内圆锥正锥 40°

2. 角度和锥度的检验

（1）用万能角度尺测量锥齿轮坯角度的方法如图 5—24 所示。

（2）用样板测量锥齿轮坯的方法如图 5—25 所示。在实际生产中，可用钳工加工的半形和全形角度样板（或线切割加工而成）去测量锥体角度。

3. 重点提示

（1）车刀的刀尖必须对准工件旋转中心，以避免产生双曲线（母线不直）误差。

（2）检验角度时，应同时确保尺寸正确，才能确保角度正确。

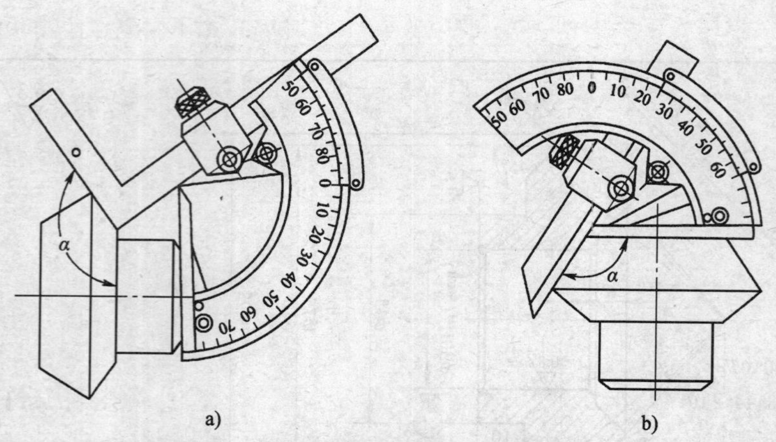

图 5—24　用万能角度尺测量锥齿轮坯角度的方法

a）测量锥齿轮坯背锥　b）测量锥齿轮坯顶锥

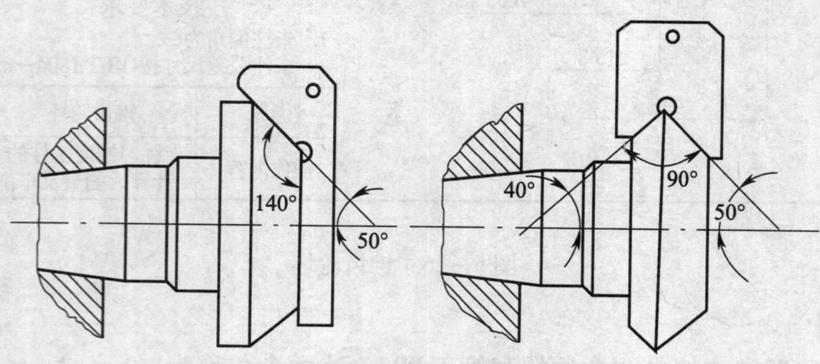

图 5—25　用样板测量锥齿轮坯的方法

四、训练课题

1. 车削锥齿轮坯的工艺准备

练习转动小滑板车削锥齿轮坯的各种角度，并且能运用交叉线法准确、快速地转动各种角度，完成锥体的车削工作。

（1）审图

按图 5—26 所示的要求加工锥齿轮坯。

（2）材料

45 钢，尺寸为 ϕ85 mm × 36 mm 的棒料 1 根。

（3）设备

CA6140 型车床（三爪自定心卡盘）。

（4）工装

90°车刀，45°车刀，60°外圆车刀，内孔 60°车刀，内孔 90°偏刀，内孔精车刀，ϕ28 mm 的钻头及钻夹具，游标卡尺 0.02 mm/（0 ~ 150 mm），千分尺 0.01 mm/(25 ~ 50 mm，75 ~ 100 mm)，内径百分表 0.01 mm/（18 ~ 35 mm），万能角度尺 2′/（0° ~ 320°），角度样板一套。

（5）工艺分析

1）为了保证端面对内孔的圆跳动公差值，端面与内孔应一次装夹车削。

2）车削圆锥面时要找正内孔和端面，可车制软工艺卡爪，夹住 ϕ45 mm 的外圆并靠在 ϕ45 mm 的端面上。

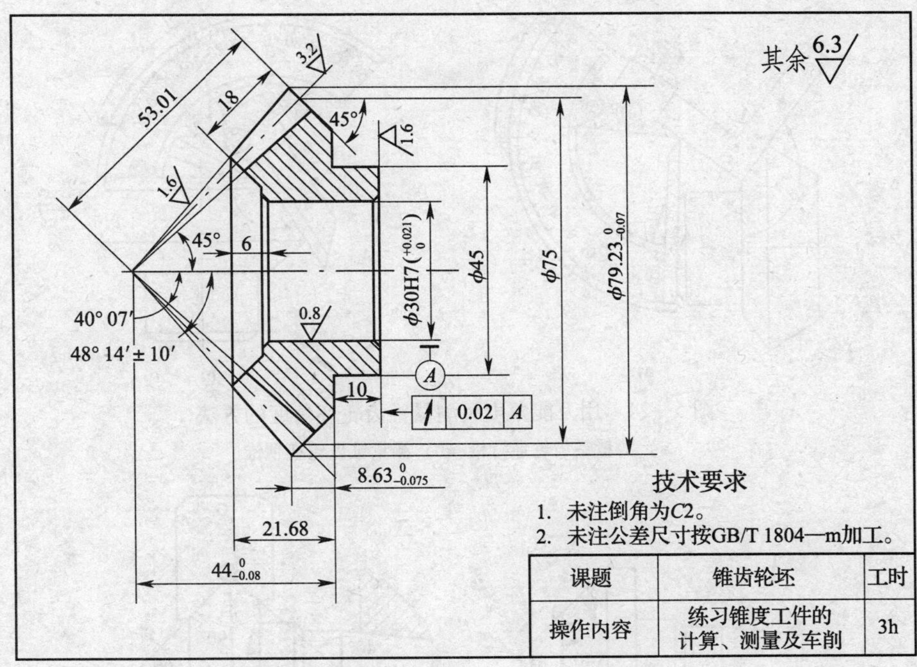

图 5—26 锥齿轮坯

2. 选择题

(1) 在三角形中，如果两个角的和等于 90°，这两个角称为（　　）。

A. 互为余角　　B. 对顶角　　C. 内错角　　D. 同位角

(2) 如果两个角的和等于 180°，这两个角称为（　　）。

A. 互为余角　　B. 互为补角　　C. 内错角　　D. 同位角

(3) 如果一个角的两边是另一个角的两边的反向延长线，这两个角称为（　　）。

A. 互为余角　　B. 对顶角　　C. 内错角　　D. 同位角

(4) 如果两条平行线与第三条直线相交，那么（　　）不相等。

A. 同旁内角　　B. 对顶角　　C. 内错角　　D. 同位角

五、训练指导

1. 加工简图与操作步骤

操 作 步 骤	加 工 简 图
1. 用三爪自定心卡盘夹住毛坯外圆，伸出长度为 26 mm (1) 粗车右端面，将图样上齿顶圆直径 $\phi 79.23^{0}_{-0.07}$ mm 车至 $\phi 81$ mm，$\phi 45$ mm × 10 mm粗车至 $\phi 47$ mm × 10 mm (2) 将图样上 $\phi 30^{+0.021}_{0}$ mm 的孔钻至 $\phi 28$ mm (3) 精车右端面，$R_a \leqslant 1.6$ μm；精车 $\phi 45$ mm × 10 mm，$R_a \leqslant 6.3$ μm (4) 精车内孔 $\phi 30^{+0.021}_{0}$ mm，$R_a \leqslant 0.8$ μm (5) 倒角 C2 mm（两处）	

续表

操作步骤	加工简图
2. 掉头装夹 ϕ45 mm×10 mm 的台阶，按内孔及端面找正 （1）粗、精车左端面，保证尺寸 21.68 mm （2）精车齿顶圆至尺寸 （3）按样板粗、精车顶锥齿面，齿面角为 48°4′±10′，保证尺寸 $8.63_{-0.075}^{\ 0}$ mm，R_a≤1.6 μm （4）按样板粗、精车背锥面，保证 45°，R_a≤6.3 μm （5）按样板粗、精车齿面宽，保证尺寸 6 mm 及齿面宽 18 mm，R_a≤6.3 μm （6）倒角 C2 mm	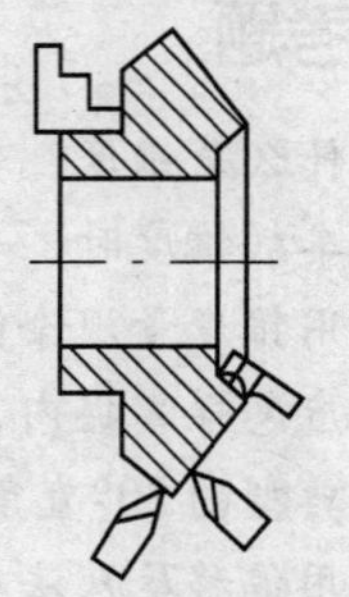

2. 注意事项

（1）精车齿顶圆直径时，由于有些锥齿轮属于铸造或锻造成型，齿顶圆直径不便于测量，要认真对刀，不要盲目将齿顶圆直径车小。

（2）车削各锥角时，刀具不断掉换位置，应避免碰撞，注意机械和人身安全。

3. 课题评分标准

项目	序号	检测内容	配分	扣分标准	得分
内孔	1	$\phi30_{\ 0}^{+0.021}$ mm，R_a≤0.8 μm	6，6	每超差 0.01 mm 扣该项配分的 1/2 R_a 每降 1 级扣该项配分的 1/2	
外圆	2	ϕ45 mm，$\phi79.23_{-0.07}^{\ 0}$ mm	6，6	未注公差超差不得分 每超差 0.01 mm 扣该项配分的 1/2	
齿轮	3	齿面角 48°14′±10′，R_a≤1.6 μm	10，8	每超差 5′扣该项配分的 1/2 R_a 每降 1 级扣该项配分的 1/2	
	4	内锥角 40°07′，齿背角 45°，公差为±40′	9，9	每超差 5′扣该项配分的 1/3	
	5	齿面宽 18 mm	6	未注公差超差不得分	
长度	6	6，21.68，10 mm	2×3	未注公差超差不得分	
	7	轮冠距 $8.63_{-0.075}^{\ 0}$ mm	2	每超差 0.01 mm 扣该项配分的 1/2	
端面	8	↗ | 0.02 | A	6	每超差 0.01 mm 扣该项配分的 1/2	
	9	R_a≤1.6 μm	6	R_a 每降 1 级扣该项配分的 1/2	
其他	10	R_a≤6.3 μm（4 处）	2×4	R_a 每降 1 级扣该项配分的 1/2	
	11	倒角 C2 mm（3 处）	2×3	未注公差超差不得分	
合计			100		
姓名		操作时间	时 分始 时 分止	日期	考评教师

4. 选择题

(1) A (2) B (3) B (4) A

思考题

1. 什么是锥度？其计算公式是什么？
2. 车削锥度时，车刀应如何安装？应怎样调整机床？
3. 用锥度量规涂色检验锥柄的要求和操作技术有哪些？
4. 应怎样掌握内、外锥面配合加工的方法？
5. 典型的30°直角三角形各边的比值是多少？
6. 用偏移尾座法车削锥体有什么优缺点？
7. 加工锥体工件时怎样判定锥面有双曲线误差？应如何解决？
8. 怎样配研组合件中锥面的接触面积？怎样提高其接触率？

第六单元　螺 纹 加 工

在三角形连接螺纹中，普通螺纹、英制螺纹及部分管螺纹的加工十分重要，要注意学习和掌握它们的牙型尺寸计算、螺纹车刀的刃磨方法、牙型的车削方法和测量方法等。

在日常工作和生产中，还要了解螺纹的种类、标记及应用。

模块一　普通螺纹的加工

任务1　普通外螺纹的车削

学习目标

①普通螺纹的牙型、公差带、标记及车刀几何参数

②普通螺纹的车削加工

知识点

①普通螺纹的种类、用途及有关计算方法

②螺纹基本牙型及公差带知识

③普通螺纹标记及常用 M5 ~ M24 螺纹的螺距

④普通螺纹车刀的几何参数

⑤普通螺纹的车削方法

⑥车削螺纹时切削用量的选择

技能点

①能够计算牙型尺寸并能刃磨螺纹车刀

②能够根据工件螺距的标注值，按照进给箱铭牌调整及变换手柄位置并车削螺纹

③能够低速或高速车削普通螺纹（60°），并达到以下要求：

a. 普通螺纹精度：7 ~ 8 级

b. 表面粗糙度：$R_a \leq 3.2\ \mu m$

一、明确任务

车削普通螺纹工件，识别普通螺纹（60°）的标记，如粗牙 M10、细牙 M16 × 1.5 等。掌握螺纹刀具的刃磨方法、螺纹标记及计算、普通螺纹的车削方法。

二、实施任务

1. 磨削及选择必要的刀具

加工带有普通螺纹的工件时，主要需完成工件内孔和外圆的加工，然后车削螺纹或

攻、套螺纹，完成螺纹牙型的加工，加工前要刃磨必要的刀具。车削外圆时用90°车刀，车削端面时用45°车刀，切断工件时用切断刀，这些以前均介绍过，这里不再赘述。对于带有螺纹的简单套类工件，其加工刀具如图6—1所示，其中图6—1a所示为外螺纹车刀，图6—1b所示为内螺纹车刀，图6—1c所示为钻削底孔用的麻花钻，图6—1d所示为套外螺纹用的圆板牙，图6—1e所示为攻内螺纹用的丝锥。

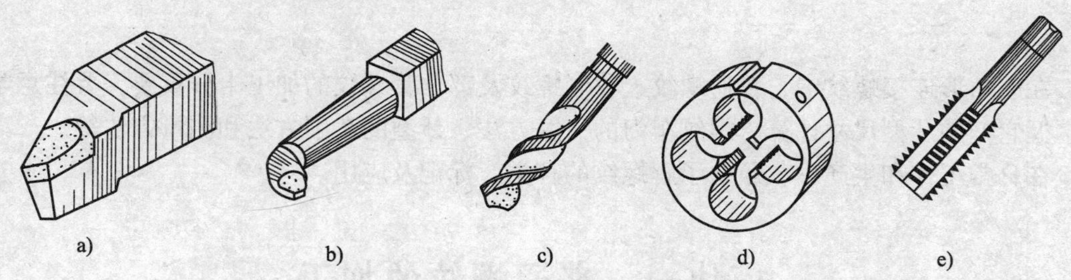

图6—1　加工简单套类工件的刀具

a）外螺纹车刀　b）内螺纹车刀　c）麻花钻　d）圆板牙　e）丝锥

2. 车削螺纹的操作方法

按车螺纹时对车床机构操作方法的不同，可分为两种基本的操作方法，一种是将开合螺母闭合后用开倒顺车法来车螺纹；另一种是闭合与断开开合螺母车螺纹。用闭合与断开开合螺母的方法车螺纹时，车床丝杠的螺距应是工件螺距的整数倍，如不是整数倍，则应使用开倒顺车法来车削螺纹，否则会使螺纹产生乱牙。

（1）闭合与断开开合螺母车螺纹的操作要点

1）开动车床使工件旋转，使车刀刀尖尽可能少地切入工件，在工件外圆表面车出一条略微可见的刀痕即可，记住刻度数，摇回中滑板手柄，使刀尖做纵向位移与工件外圆脱离接触。这时车刀停在距轴端5～10 mm的空当处，调整中滑板刻度环的零位，使其作为控制车刀横向切入螺纹深度的起始点。

2）左手握中滑板手柄做进、退刀的准备，右手握开合螺母的操纵手柄，中滑板每次进给后，右手将开合螺母手柄向下压，其示意图如图6—2所示。

开合螺母闭合后，床鞍做轴向移动，右手仍握住开合螺母的操纵手柄，做使手柄向上抬起的准备。当刀尖进入退刀位置时，左手快速摇动中滑板手柄退刀，在刀尖退出工件的同时右手迅速将开合螺母手柄抬起，使开合螺母与丝杠脱离接触，床鞍立刻停止移动。

3）摇动床鞍手轮，将车刀退至起始位置，重复前述操作动作，直至将螺纹车至尺寸。

（2）用开倒顺车法车螺纹的操作要点

1）开动车床，对刀并调整中滑板刻度环零位后，压下开合螺母操纵手柄，使开合螺母闭合。开合螺母操纵手柄上最好挂上重物，挂重物可以使开合螺母与丝杠的配合间隙在车螺纹的过程中始终保持一致，还可以防止车螺纹过程中因开合螺母突然自行分离而产生废品。

一只手握操纵杠手柄，另一只手握中滑板手柄，其示意图如图6—3所示。

2）用中滑板刻度盘控制背吃刀量，将操纵杠向上提起，主轴正转，床鞍做纵向进给。

当刀尖离退刀位置2～3 mm时，做好退刀准备，将操纵杠向下移动，主轴由于惯性作用仍继续正向旋转，但转速逐渐降低。

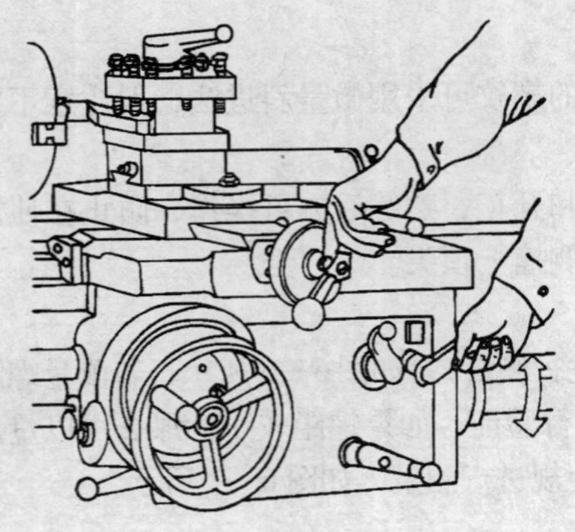

图 6—2　闭合与断开开合螺母车螺纹的示意图

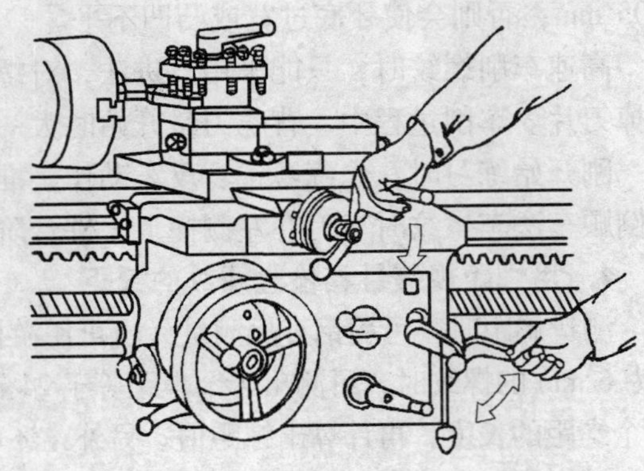

图 6—3　用开倒顺车法车螺纹的示意图

3）刀尖进入退刀位置就快速摇动中滑板手柄退出车刀，退刀路线如图 6—4 所示。

刀尖离开工件时，迅速压下操纵杠，使主轴反转，床鞍则同时做纵向复位移动。当床鞍移至刀尖距工件端面 5 mm 左右的位置时，将操纵杠抬至中间位置，使主轴停止转动，随后重复前述动作将螺纹车至尺寸。

3. 车三角形螺纹时的进刀方法

车三角形螺纹的进刀方法如图 6—5 所示。

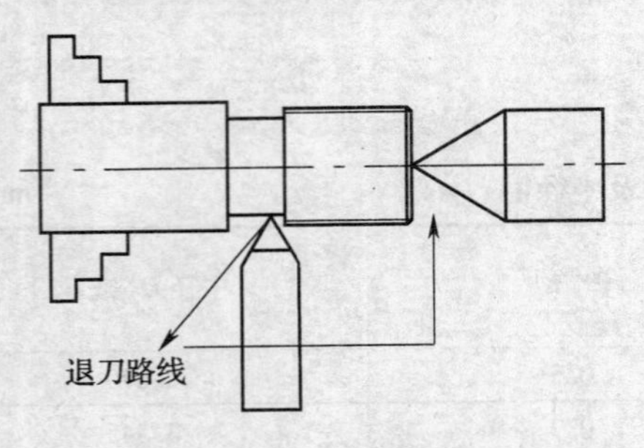

图 6—4　退刀路线

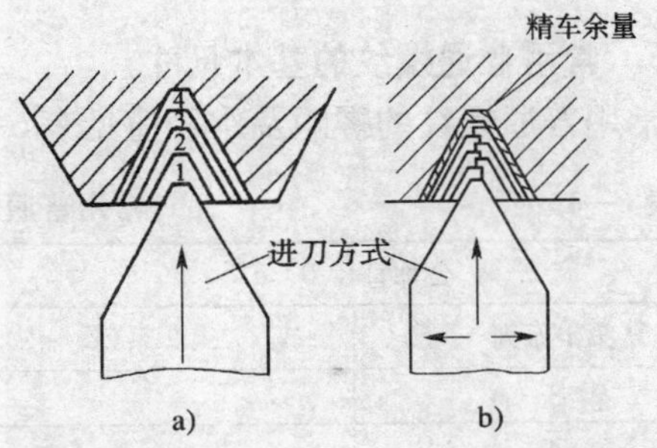

图 6—5　车三角形螺纹的进刀方法
a）直进法　b）左右切削法

（1）直进法

直进法用于车削螺距 $P<3$ mm 的螺纹。车削螺纹时，每次往复行程后，只用中滑板做横向进给，控制背吃刀量，随着切入螺纹深度的加深，每次行程切入的深度都比前次行程切入的深度减小（见图 6—5a），经过多次行程将螺纹车至图样要求。直进法车螺纹可以得到较正确的牙型，但车刀两侧切削刃同时参加切削，容易产生“扎刀”现象。

（2）左右切削法

左右切削法用于车削螺距 $P>3$ mm 的螺纹。车削螺纹时，每次往复行程后，除了用中滑板做横向进给外，同时用小滑板把车刀向左或向右做轴向进给，进行粗、精车（俗称赶刀或借刀），如图 6—5b 所示，经过多次行程将螺纹车至图样要求。如采用硬质合金螺纹车刀，因为采用焊接或机械夹固式刀片，不牢固，则向左或向右做微量切入。

用左右切削法车螺纹时，车刀是一侧切削刃参加切削，所以不易产生“扎刀”现象。

采用左右切削法时，小滑板（车刀）向左或向右的进给量不能过大，精车时应小于

0.05 mm；否则会使牙底过宽或凸凹不平。

高速车削螺纹时，只能采用直进法，对螺距稍大的螺纹可采用微量斜进法，但注意不要挤掉刀片。车削过程中，背吃刀量开始时大一些。

刚开始练习时，先练习正、反车动作，准确停车和开车，熟练后方可操作，防止在使用开倒顺车法车螺纹时车刀在左侧撞上工件台阶，在右侧撞上顶尖。

4. 用螺距规等量具检验螺纹的螺距

测量螺距时，可用钢直尺测量（也可用游标卡尺进行测量），如图6—6所示，若测量螺距 P 为6 mm的螺纹时，可测出4个螺距等于24 mm来进行验证；如果螺距较小，那么可以量出10个螺距的长度，再计算出螺距值。另外，还可用螺距规进行测量，如图6—7所示。

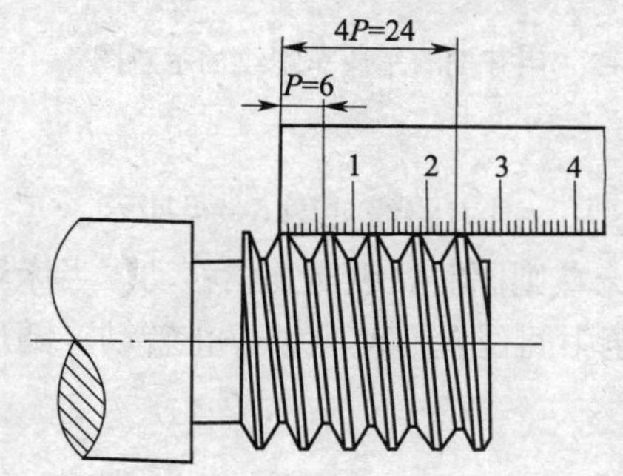

图6—6　用钢直尺测量螺距

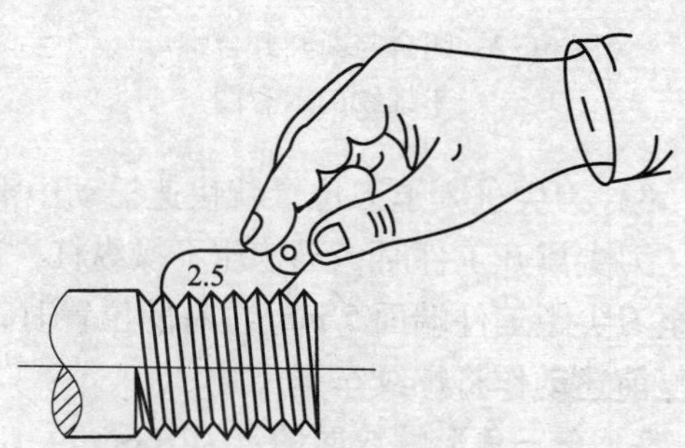

图6—7　用螺距规测量螺距

5. 常用普通螺纹的基本尺寸

常用普通螺纹的螺距及中径值见表6—1。

表6—1　　**常用普通螺纹的螺距及中径值**　　mm

公称直径 D，d		螺距 P	中径 D_2 或 d_2
第1系列	第2系列		
3		0.5	2.675
4		0.7	3.545
5		0.8	4.480
6		1	5.350
8		1.25	7.188
10		1.5	9.026
12		1.75	10.863
	14	2	12.701
16		2	14.701
	18	2.5	16.376
20		2.5	18.376
24		3	22.051
	27	3	25.051

6. 用螺纹套规检测外螺纹

用螺纹套规（见图6—8）检测螺纹时，通规过，止规不过为合格。用螺纹套规对螺纹进行的检测属于牙型的综合检测，对牙型的角度和各部分尺寸同时都进行了限制。

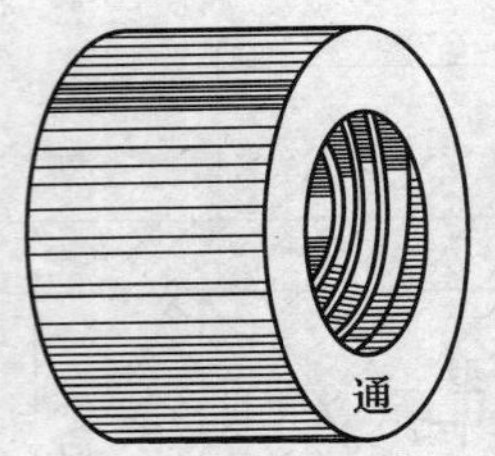

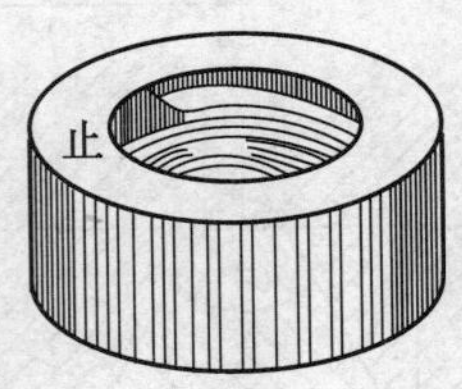

图 6—8　螺纹套规

重要提示：

（1）切削螺纹过程中一般不需加注切削液。

（2）用检具检查螺纹前，应用锉刀或油石修去螺纹牙顶的毛刺。

7. 轴向分线法

车好一条螺旋槽后，使车刀沿工件轴向移动一个螺距（周节）后再车另一条螺旋槽的方法称为轴向分线法。

用小滑板刻度分线的操作方法如下：

车好一条螺旋槽后，利用小滑板刻度控制车刀，使其沿工件轴线移动一个螺距（周节），就可以车相邻的另一螺旋槽。

用小滑板刻度分线操作简便，不需其他辅助工具就可进行，但等距精度不高。适用于粗车或车精度较低的多线螺纹（蜗杆）的分线。

三、知识链接

1. 螺纹代号标记

普通螺纹代号标记如下：

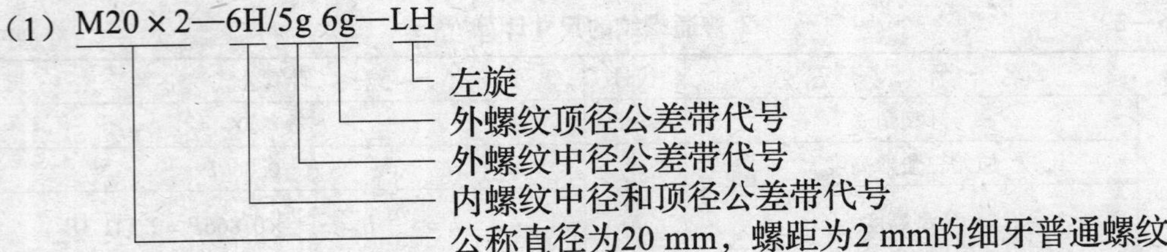

（2）M20×2—6H/6g

外螺纹中径和顶径公差带代号（外螺纹中径和顶径公差带代号相同）

（3）M20×2—7H—S(N，L)

S，N，L表示短、中等、长旋合长度，一般不标注，使用时按中等旋合长度确定

2. 普通螺纹牙型的计算

（1）普通螺纹的牙型如图 6—9 所示。

对外螺纹的小径和内螺纹的大径不规定具体的公差数值。内螺纹牙型槽底可以呈圆弧形，这个牙底圆弧在公称直径 D 以外的 $H/8$ 内，背吃刀量为 $1.08P+2R_{min}$（两侧圆弧槽深）。根据要求，如果内螺纹大径削平，则背吃刀量为 $1.08P$。

外螺纹牙底呈圆弧形，基本牙型 $H/4$ 处是最大削平高度，为外螺纹的最大小径 d_{1max}；最

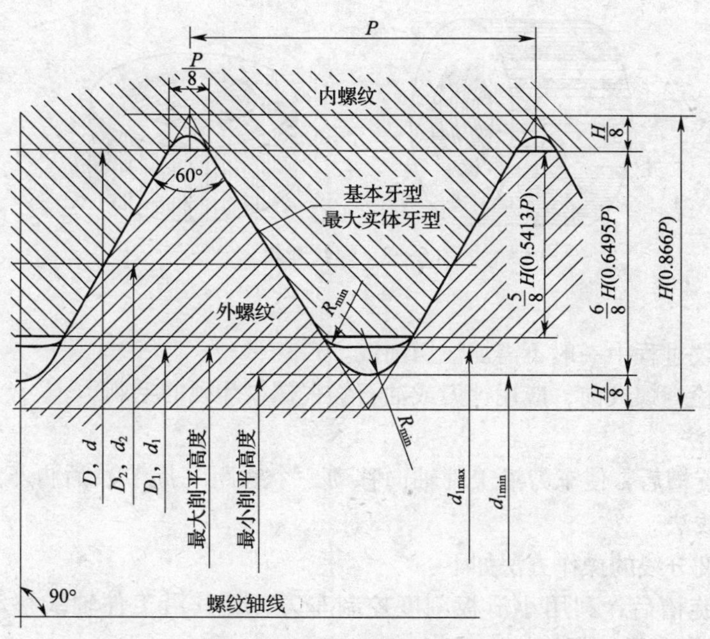

图 6—9　普通螺纹的牙型

小削平高度为外螺纹的最小小径 d_{1min}，在 $H/8$ 处，即牙底半径处。外螺纹牙底可在最小削平高度为 $H/8$ 处削平或倒圆，即背吃刀量为 $1.3P$。如 M16 的普通螺纹背吃刀量的计算公式为：

牙型底削平时：$1.08P = 1.08 \times 2 = 2.16$ mm

牙型底为圆弧时：$1.3P = 1.3 \times 2 = 2.6$ mm

（2）普通螺纹的尺寸计算见表 6—2。

表 6—2　　　**普通螺纹的尺寸计算**　　　mm

名　称		代号	计算公式
外螺纹	牙型角	α	$\alpha = 60°$
	原始三角形高度	H	$H = 0.866P$
	牙型高度	h	$h = \frac{5}{8}H = \frac{5}{8} \times 0.866P = 0.541\ 3P$
	中径	d_2	$d_2 = d - 2 \times \frac{3}{8}H = d - 0.649\ 5P$
	小径最大极限值	d_{1max}	$d_{1max} = d - 2 \times \frac{5}{8}H = d - 2h = d - 1.082\ 5P$
	小径最小极限值	d_{1min}	$d_{1min} = d - 2 \times \frac{6}{8}H = d - 1.3P$
内螺纹	中径	D_2	$D_2 = d_2$
	小径	D_1	$D_1 = d_{1_{max}}$
	大径	D	$D = d$ = 公称直径（大径可加深 $2 \times 0.108\ 25P$ 的圆弧尺寸）
螺纹升角		ψ	$\tan\psi = \frac{P}{\pi d_2}$

四、训练课题

高速车削普通外螺纹工件一直是一种效率高、成本低、质量好的加工方法。

通过高速车削螺杆，应初步掌握车削较长杆的台阶和高速车削端头螺纹的技巧。可逐步提高高速车削螺纹的速度、效率和质量。

1. 高速车削螺杆的准备工作

（1）审图

按图 6—10 所示的要求加工双头螺杆。

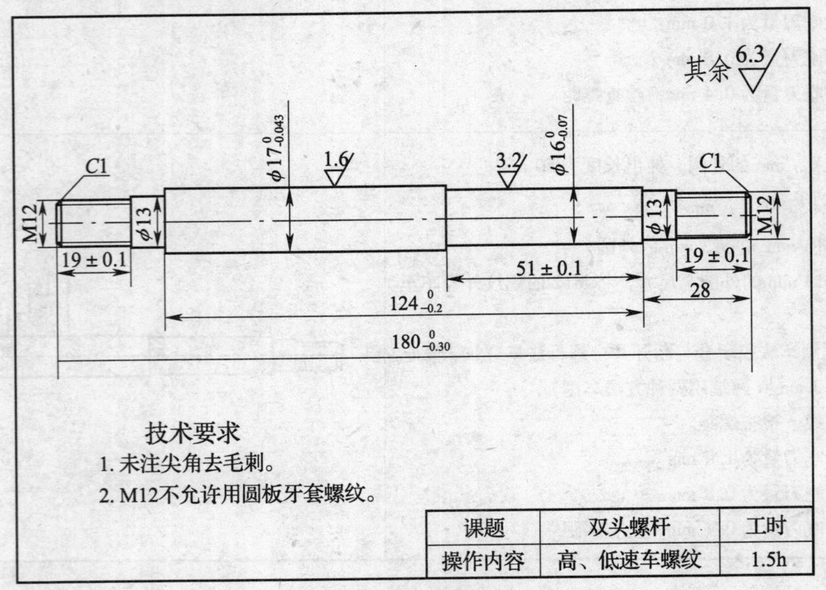

图 6—10　双头螺杆

（2）材料

45 钢，尺寸为 ϕ20 mm × 185 mm 的棒料。

（3）设备

CA6140 型机床（三爪自定心卡盘）。

（4）工装

90°车刀，45°车刀，60°硬质合金螺纹车刀，游标卡尺 0.02 mm/（0 ~ 200 mm），M12 的螺纹环规，螺距规，千分尺 0.01 mm/（0 ~ 25 mm）。

2. 工艺分析

高速车削螺杆时，要做到眼疾手快，进刀尺寸要准，用 2 ~ 3 刀车削完毕，保证质量。在车削过程中，有弯曲及让刀的可能，因此应注意提高工件的刚度。用硬质合金螺纹车刀高速车削外螺纹时，不但效率高，而且螺纹两侧挤得很光，通过加工该工件，对高速车削螺纹的工艺过程有一个整体的认识和锻炼。

五、训练指导

1. 加工步骤及加工简图

操作步骤	加工简图
1. 夹住毛坯外圆，伸出长度为 160 mm （1）粗车 ϕ17，ϕ16，ϕ13 和 ϕ12 mm 的外圆 （2）精车 $\phi\,17^{\ 0}_{-0.043}$，$\phi16^{\ 0}_{-0.07}$ 和 ϕ13 mm 的外圆至尺寸，将 M12 的螺纹外径车至 ϕ11.8 mm （3）用开倒顺车法或闭合与断开开合螺母法车螺纹，背吃刀量为 1.9 ~ 2.3 mm（两端用两种方法车削）	

续表

操作步骤	加工简图
1）第 1 刀划线，检查螺距 2）第 2 刀背吃刀量为 1.0 mm 3）第 3 刀背吃刀量为 0.8 mm 4）第 4 刀背吃刀量为 0.4 mm，检查螺距	
2. 夹住 $\phi16_{-0.07}^{0}$ mm 的外圆，伸出长度为 50 mm （1）保证全长 $180_{-0.30}^{0}$ mm （2）粗车 $\phi13$ mm 和 $\phi12$ mm 的外圆 （3）精车 $\phi13$ mm 的外圆至尺寸，将 M12 的螺纹外径车至 $\phi11.8$ mm （4）用开倒顺车法或闭合与断开开合螺母法车螺纹，背吃刀量为 1.9～2.3 mm（两端用两种方法车削） 1）第 1 刀划线，检查螺距 2）第 2 刀背吃刀量为 1.0 mm 3）第 3 刀背吃刀量为 0.8 mm 4）第 4 刀背吃刀量为 0.4 mm，检查螺距	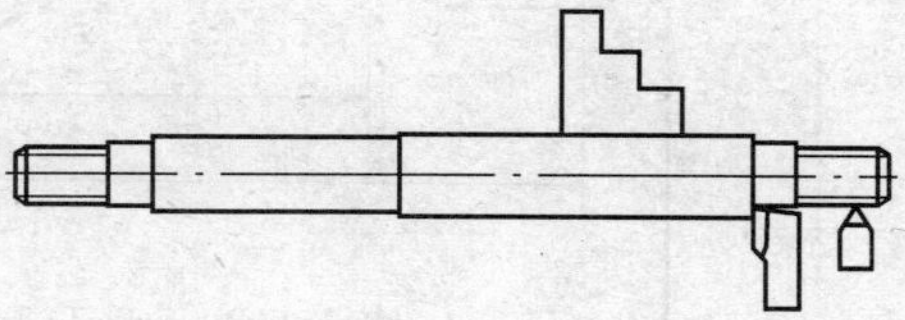

2. 注意事项

（1）开车前，先调整中、小滑板间隙及松紧程度。

（2）检查摩擦离合器、制动器是否灵活。

（3）检查开合螺母间隙。

（4）根据工件进、退刀距离选择转速。

3. 课题评分标准

项目	序号	检测内容	配分	扣分标准	得分
外圆	1	$\phi17_{-0.043}^{0}$ mm，$\phi16_{-0.07}^{0}$ mm	10×2	每超差 0.01 mm 扣该项配分的 1/2	
	2	$\phi13$ mm（两处）	4×2	未注公差超差不得分	
螺纹	3	M12（两处）	12×2	通规过，此规每过 1 个螺距扣 1 分	
长度	4	（19±0.1）mm（两处）	4×2	每超差 0.1 mm 扣该项配分的 1/2	
	5	28 mm（两处）	2×2	未注公差超差不得分	
	6	$124_{-0.2}^{0}$，$180_{-0.30}^{0}$，（51±0.1）mm	3×3	每超差 0.01 mm 扣该项配分的 1/2	
其他	7	$C1$ mm（两处）	3×2	倒角未注公差超差不得分	
	8	$R_a \leq 1.6$ μm	5	R_a 每降 1 级扣该项配分的 1/2	
	9	$R_a \leq 3.2$ μm	4	R_a 每降 1 级扣该项配分的 1/2	
	10	$R_a \leq 6.3$ μm（6 处）	2×6	R_a 每降 1 级扣该项配分的 1/2	
合计			100		

姓名		操作时间	时 分始 时 分止	日期		考评教师	

任务2　普通外螺纹车刀的刃磨

学习目标

普通螺纹的牙型、公差带、标记及车刀几何参数

知识点

①螺纹的基本牙型及公差带知识

②普通螺纹车刀的几何参数

技能点

能够计算牙型尺寸并能刃磨螺纹车刀

一、明确任务

掌握螺纹车刀的种类、几何形状及刃磨要求。

常用螺纹车刀的材料有高速钢和硬质合金两类。

高速钢螺纹车刀适用于低速车削螺纹，硬质合金螺纹车刀适用于高速车削螺纹。三角形外螺纹车刀的几何形状如图6—11所示。

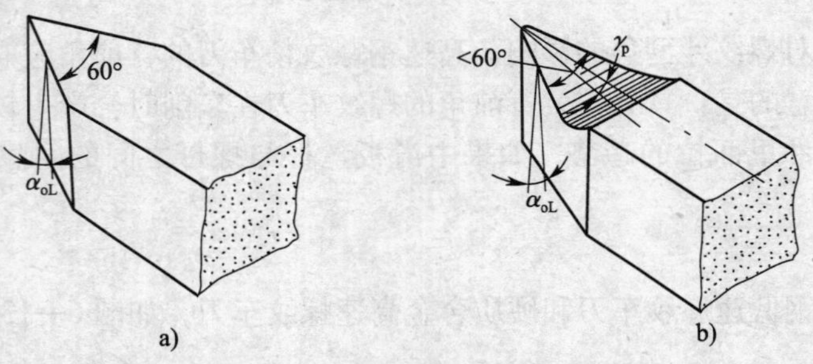

图6—11　三角形外螺纹车刀的几何形状

a）背前角等于零度　b）背前角大于零度

二、实施任务

由于螺纹车刀属于成形刀具，车削过程中螺旋运动对车刀后角的影响比车外圆时大，所以刃磨后的螺纹车刀应达到以下要求：

1. 刀尖角等于牙型角。车刀的刀尖角直接影响螺纹的牙型角，在背平面内，车刀的背前角为零度时，刀尖角等于被加工螺纹的牙型角。如车普通螺纹时刀尖角等于60°；车英制螺纹时刀尖角等于55°。

2. 车刀的左、右切削刃必须是直线（车滚珠丝杠螺纹除外）且应对称（车锯齿形螺纹除外）。

3. 车刀的工作后角受螺纹升角的影响，两侧后角的大小应磨得不相等，进给方向一侧的后角应磨得大些。但加工大直径、小螺距的三角形螺纹时，其螺纹升角对车刀两侧后角的影响可忽略不计。

4. 在实际工作中，用高速钢螺纹车刀低速车削螺纹时，如选用背前角等于零度的车刀，切削不顺利，排屑也比较困难，牙型两侧表面粗糙度也不易车至图样要求。当螺纹车刀背前

角为5°~15°时，车削比较顺利，容易车出比较光洁的牙型两侧表面。

当螺纹车刀的背前角不等于零度时，由于两侧切削刃不通过螺纹轴线，车出的螺纹牙侧不是直线，是曲线，这种误差对要求不高的螺纹来说可以忽略不计，但对螺纹的牙型角影响较大。

三、知识链接

实际刃磨刀具时，常用特制的、较厚的螺纹样板来检验有背前角的车刀刀尖角，如图6—12所示。

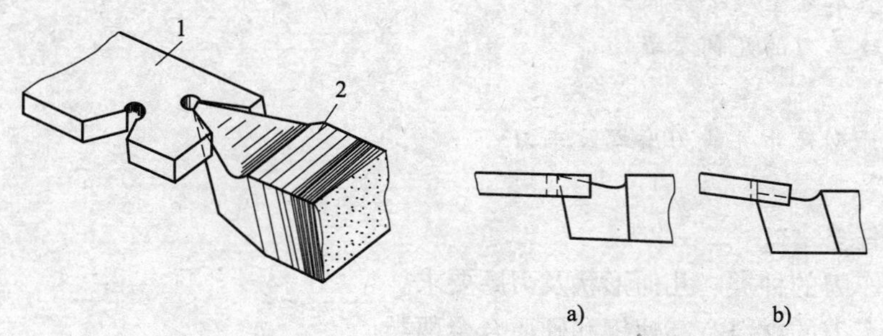

图6—12 用螺纹样板检验车刀刀尖角

a）正确 b）错误

1—样板 2—螺纹车刀

为减小背前角对螺纹牙型角的影响，高速钢螺纹精车刀的背前角应取得小些（0°~5°）。在实际操作时应注意的是：具有较大背前角的螺纹车刀在车削时会产生较大的径向分力，这个力有把车刀向工件里面拉的趋势，如果中滑板丝杆与螺母之间的间隙较大，就容易产生“扎刀”现象。

四、训练课题

练习刃磨高速钢低速螺纹车刀和硬质合金高速螺纹车刀，如图6—13所示。

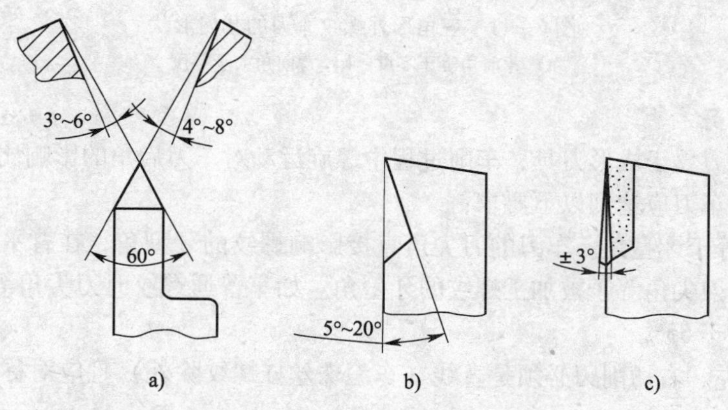

图6—13 螺纹车刀

a）螺纹车刀的后角 b）高速钢车刀 c）硬质合金车刀

五、训练指导

1. 硬质合金螺纹车刀的刃磨要求

刃磨硬质合金螺纹车刀时，其刀尖处背前角一般在3°左右，若前角太大（俗称太虚），

容易损坏刀尖。高速车削时，要保证刀尖的强度，背前角 γ_p 为 ±3°，刀尖角要略小于牙型角。后角一般选择较小，后角一般在 3° ~6°之间，磨削后，对刀尖及左、右切削刃要经过精细研磨，要研磨光，而且应有负倒棱。硬质合金螺纹车刀的刃磨角度如图 6—14 所示。

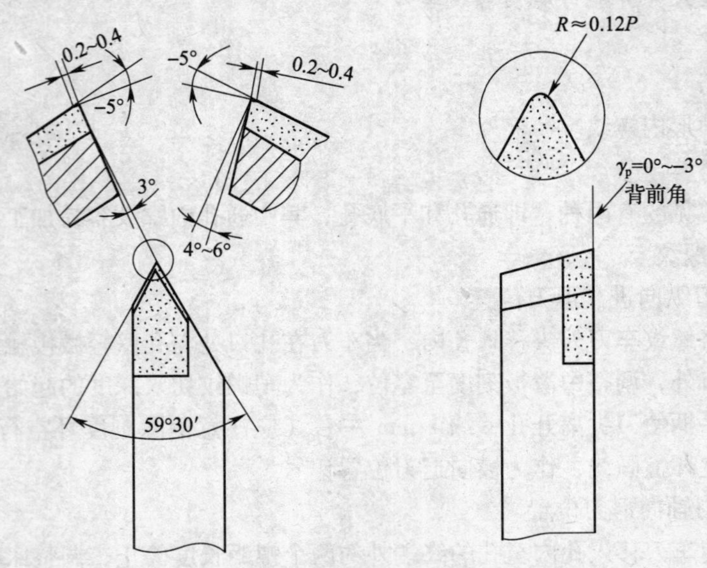

图 6—14　硬质合金螺纹车刀的刃磨角度

2. 螺纹车刀的装夹

为保证车削出正确的螺纹牙型，装夹螺纹车刀时要求刀尖与工件轴线等高，刀尖的角平分线应垂直于工件轴线。为了防止振动和扎刀，刀尖可略高于工件中心。

（1）把刀尖对准工件中心，用刀架螺钉将螺纹车刀轻轻压住。

（2）将螺纹样板靠在工件已加工外圆或端面上，使螺纹车刀两侧切削刃与螺纹样板的角度槽对齐并做透光检查，如图 6—15 所示为装夹螺纹车刀的对刀方法。如车刀歪斜，可用铜棒轻轻敲击刀柄，使刀尖与样板的槽形对齐，待符合要求后再将车刀夹紧。夹紧后应复查一次，防止夹紧过程中刀具移动。

（3）在高速车削螺纹的过程中，不论采用开倒顺车法车螺纹，还是闭合与断开开合螺母车螺纹，都要求机床各调整点准确、灵活而且机构不松动。

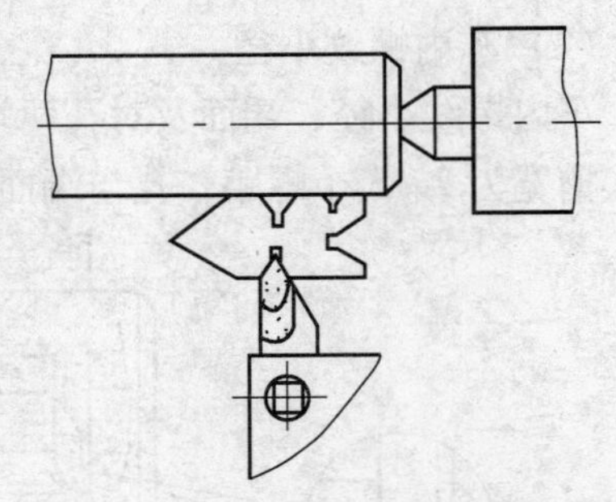

图 6—15　装夹螺纹车刀的对刀方法

任务 3　普通内螺纹的车削

学习目标

内螺纹车削技术

知识点

①普通内螺纹车刀的几何参数

②普通内螺纹的车削方法

③车削内螺纹时切削用量的选择

技能点

能够计算牙型尺寸并能刃磨内螺纹车刀

一、明确任务

低速车削三角形内螺纹。

二、实施任务

内螺纹零件常见的有两种，即通孔和平底孔，其中通孔内螺纹容易加工。

1. 车通孔内螺纹

（1）确定车刀纵向进、退刀位置

开动车床，将螺纹车刀刀尖移入孔内，当车刀在孔口处与孔壁轻微接触后，快速移动床鞍将车刀退出孔口外，调整中滑板刻度至零位，作为车螺纹切入深度的起始位置。然后按退刀方向摇中滑板手柄使刀尖离开孔壁约 1 mm 左右（应注意消除刻度环空行程的影响），用粉笔在中滑板刻度环上画线，作为横向退刀位置记号。

（2）确定车刀轴向退刀位置

移动床鞍，使车刀移入孔内至孔的终端外约两个螺距长度停止，调整床鞍刻度环的零位或在刀柄上做标记作为轴向退刀位置记号。

2. 车平底孔内螺纹

（1）刃磨平底孔螺纹车刀

平底孔螺纹车刀的几何角度与刃磨方法和通孔内螺纹车刀相同，但应控制刀尖至刀柄左侧面的距离，一般要小于 1/2 退刀槽宽度。左侧切削刃要磨得短一些，可使切削刃两侧在退刀槽中留有一定空隙，如图 6—16 所示为对平底孔螺纹车刀的要求。

（2）车内螺纹小径

车内螺纹小径、端面及对孔两端倒角；车退刀槽时其直径尺寸应大于内螺纹大径基本尺寸，槽宽为 2 ~ 3 个螺距；孔与端面应保持垂直，如图 6—17 所示为车平底螺纹孔示意图。

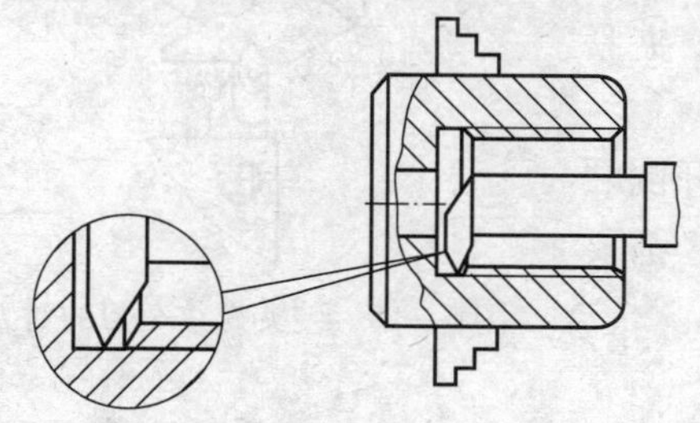

图 6—16　对平底孔螺纹车刀的要求

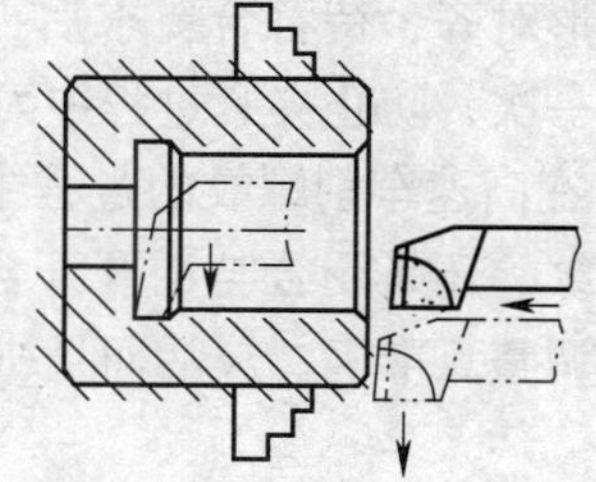

图 6—17　车平底螺纹孔示意图

（3）控制退刀位置的措施

车平底孔内螺纹时观察十分困难，应采取措施严格控制退刀位置，常用方法如下：

1）刻度控制法。移动床鞍，当刀尖对准退刀槽中间位置时，将床鞍刻度调至零位或用粉笔画线做记号，作为退刀位置。

2）标记法。如图 6—18 所示为用标记法控制退刀位置。移动床鞍使刀尖对准退刀槽中

间位置时，在车床导轨或刀柄上做出标记，作为退刀位置。车螺纹时观察标记退刀。

3）挡块法。如图 6—19 所示为用挡块法控制退刀位置。移动床鞍，当刀尖对准退刀槽中间位置时，将靠近工件的刀架螺钉旋松（另一螺钉可不松），将挡块（采用垫片或铜皮）放在刀柄上，并使其侧面与螺纹孔端面相距 1 ~2 mm，如图 6—19 所示。用刀架螺钉压住垫片，旋紧刀架螺钉（旋紧后应检查车刀是否发生位移）。车螺纹时，当挡块随刀柄移动至距螺纹孔端面 1 ~2 mm 处时，将车刀快速退出。

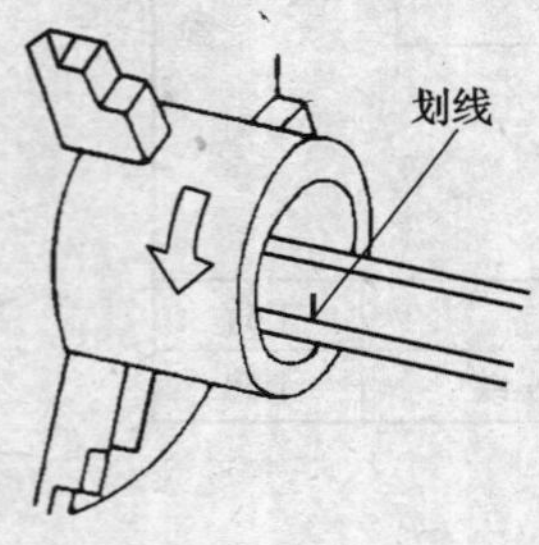

图 6—18　用标记法控制退刀位置

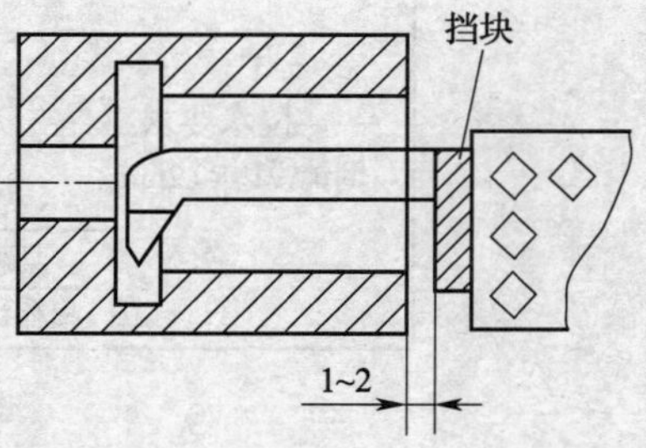

图 6—19　用挡块法控制退刀位置

4）感觉法。螺纹孔的直径较大、长度较短时，可直接目测刀尖在退刀槽中的位置，或凭听觉控制退刀，如突然无切削声，应立即退出车刀。

三、知识链接

1. 用螺纹塞规检测内螺纹

用螺纹塞规（见图 6—20）检测内螺纹时，通端过，止端不过为合格。用螺纹塞规对螺纹进行的检测属于牙型的综合检测，对牙型的角度和各部分尺寸同时都进行了限制。

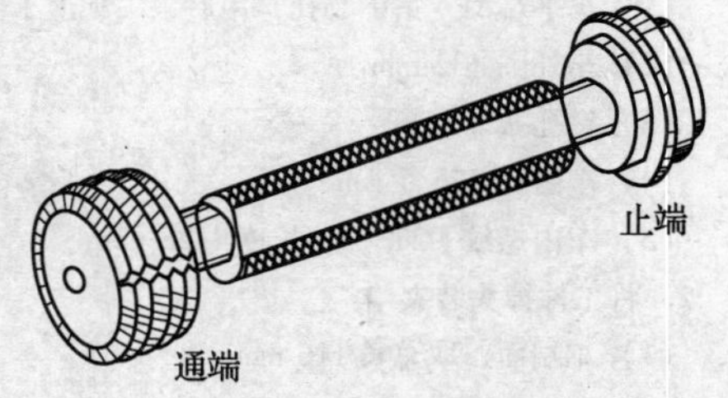

图 6—20　螺纹塞规

2. 重要提示

(1) 刀柄伸出不应过长，否则容易产生“扎刀”“啃刀”和“让刀”现象。

(2) 产生“让刀”现象后，不能盲目增加背吃刀量。

(3) 每次刚进刀时应注意观察，防止将中滑板手柄多摇一圈。

四、训练课题

通过加工套筒掌握钻孔、车内孔、车削内螺纹等技能要求。

1. 审图

按图 6—21 所示的要求加工套筒（注：此件加工后，用于装配如图 7—32 所示的安全卡盘扳手）。

2. 材料

45 钢，尺寸为 ϕ35 mm × 120 mm 的棒料。

3. 设备

CA6136（或 CA6140）型车床（三爪自定心卡盘）。

4. 工装

90°车刀，45°车刀，ϕ24 mm 的钻头、中心钻 A2/5 及钻夹具，内孔车刀，内螺纹车刀，回转顶尖，游标卡尺 0. 02 mm/（0 ~150 mm）。

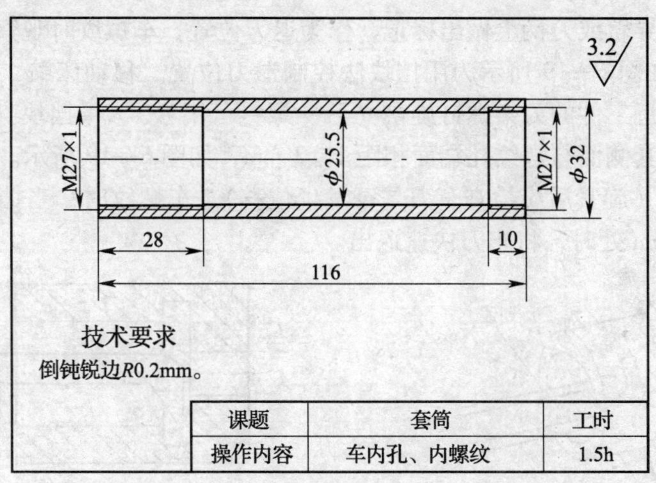

图 6—21　套筒

五、训练指导

1. 加工步骤及加工简图

加 工 步 骤	加 工 简 图
1. 夹住棒料外圆 （1）车平端面，钻中心孔，用后顶尖顶上工件 （2）车外圆 ϕ32 mm （3）钻孔 ϕ24 mm （4）车内孔 ϕ25. 5 mm （5）车内螺纹 M27 ×1，长度为 28 mm 2. 将工件掉头装夹 （1）车端面，取总长 116 mm （2）车内螺纹 M27 ×1，长度为 10 mm	

2. 注意事项

掉头夹紧时夹紧力要适当。

3. 课题评分标准

项目	序号	检测内容	配分	扣分标准	得分
外圆	1	ϕ32 mm	15	未注公差超差不得分	
内孔	2	ϕ25. 5 mm	20	未注公差超差不得分	
螺纹	3	M27 ×1（两处）	15 ×2	通规过，止规每过 1 个螺距扣 1 分	
长度	4	28，10，116 mm	5 ×3	未注公差超差不得分	
其他	7	倒钝锐边（4 处）	0. 5 ×4	倒角不合格扣该项配分的 1/2	
	8	R_a ≤3. 2 μm（6 处）	3 ×6	R_a 每降 1 级扣该项配分的 1/2	
合计			100		

姓名		操作时间	时　分始 时　分止	日期		考评教师	

任务4　普通内螺纹车刀的刃磨

学习目标

普通内螺纹的牙型、公差带、标记及车刀几何参数

知识点

①内螺纹基本牙型及公差带知识

②普通内螺纹车刀的几何参数

技能点

能够计算牙型尺寸并能刃磨内螺纹车刀

一、明确任务

加工内螺纹时会遇到刀柄尺寸受限制及刚度不足的困难，应注意解决刀尖在切削时让刀、扎刀及排屑不顺畅等问题。

二、实施任务

三角形内螺纹车刀和三角形外螺纹车刀相比，两者切削部分的几何形状基本相同，刀柄部分的形状与内孔车刀相同，如图6—22所示为三角形内螺纹车刀的几何形状。

三、知识链接

装夹内螺纹车刀的对刀方法如图6—23所示。

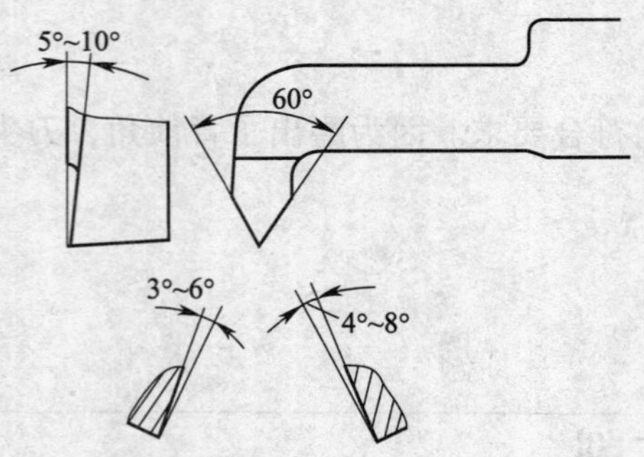

图6—22　三角形内螺纹车刀的几何形状

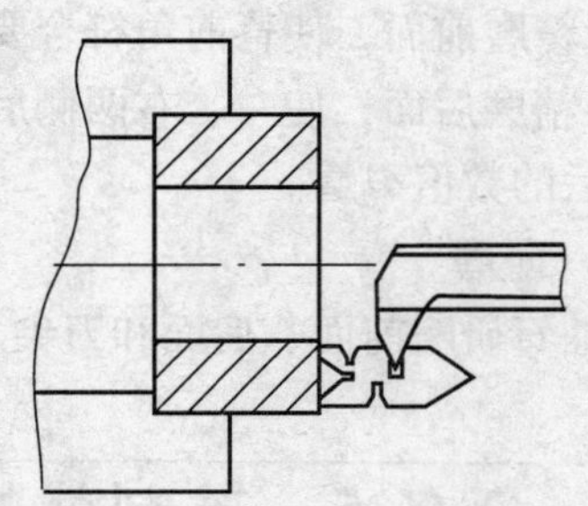

图6—23　装夹内螺纹车刀的对刀方法

1. 刀柄不应伸出过长，刀柄伸出长度应比螺纹的深度长10～20 mm。
2. 调整车刀高度，使刀尖略高于工件旋转中心（约0.5 mm），用手旋紧刀架螺钉。
3. 把螺纹样板靠在已车过的工件端面或外圆上，如图6—23所示，将车刀两侧切削刃与角度槽两侧对准并做透光检查，位置正确后将刀架螺钉旋紧，随后用螺纹样板再次检查。
4. 车刀装夹后应手动在孔内试走一次，防止刀柄与孔壁相碰。

四、训练课题

刃磨高速钢内螺纹车刀，如图6—24所示。

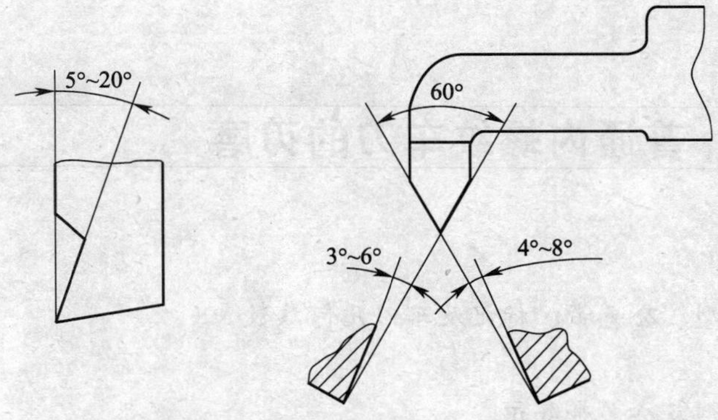

图 6—24　高速钢内螺纹车刀

五、训练指导

1. 内螺纹车刀的刃磨要求

（1）刀尖角的角平分线应与刀柄垂直。

（2）车刀的左、右切削刃必须是直线。

（3）内螺纹车刀的后角应比外螺纹车刀的后角适当大些。

2. 内螺纹车刀的刃磨方法

（1）粗磨

高速钢内螺纹车刀选用粗粒度的刚玉砂轮进行刃磨。

1）粗磨后面，磨出刀尖角和两侧后角，注意保持刀尖角的角平分线与刀柄垂直。

2）粗磨前面，磨出背前角。

（2）精磨

选用细粒度的刚玉砂轮。

1）精磨前面，使背前角符合要求。

2）精磨后面，使左、右两侧后角和刀尖角符合要求。因为磨出了背前角，刀尖角必须按修正后的数值刃磨。

（3）研磨

用油石研磨前面、后面和刀尖。

任务 5　英制外螺纹的车削

学习目标

英制螺纹牙型、公差带、标记、车刀几何参数及车削方法

知识点

①英制螺纹的代号与标记

②英制螺纹的基本牙型、尺寸计算及公差表的查阅知识

③英制螺纹的公差带知识及加工方法

技能点

①能够按英制螺纹的牙数变换手柄位置并车削 55°牙型角

②能够计算牙型尺寸并能刃磨螺纹车刀

一、明确任务

英制螺纹在进口设备中常见，内、外螺纹大径用代号 D，d 表示，螺纹的公称直径用英寸（in）表示。它用 1 in（25.4 mm）长度中的牙数（n）换算出螺距的大小，螺距 $P=\frac{1\ \text{in}}{n}=\frac{25.4}{n}$ mm。

二、实施任务

英制螺纹（55°）的标记：如 3/8 in（牙数查表可得 $n=16$）。

英制螺纹的加工。

三、知识链接

1. 英制螺纹基本牙型及尺寸

英制螺纹基本牙型及尺寸如图 6—25 所示。

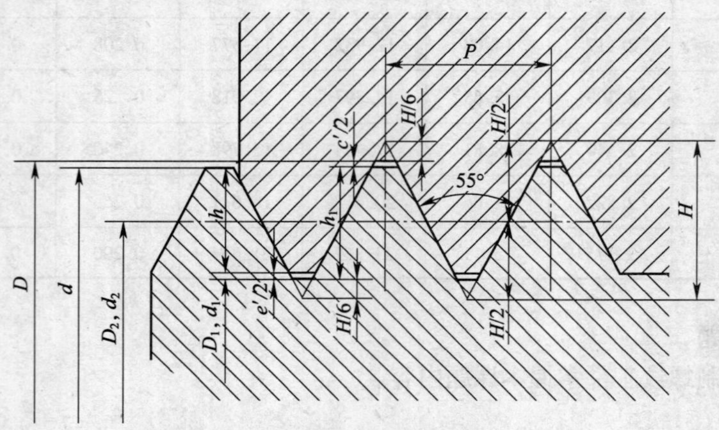

图 6—25　英制螺纹基本牙型及尺寸

2. 英制螺纹尺寸计算

英制螺纹尺寸计算公式见表 6—3。

表 6—3　　**英制螺纹尺寸计算公式**

名　称	代　号	计算公式
内、外螺纹大径	D，d	
内、外螺纹小径	D_1，d_1	
内、外螺纹中径	D_2，d_2	
理论高度	H	$H=0.960\,49P$
工作高度	h	$h=h_1-\frac{e'}{2}$
牙型高度	h_1	$h_1=0.640\,33P-\frac{c'}{2}$
螺距	P	
内、外螺纹大径间隙	c'	$c'=0.075P+0.05$
内、外螺纹小径间隙	e'	$e'=0.148P$

3. 英制螺纹部分基本尺寸

英制螺纹部分基本尺寸见表6—4。

表6—4　　英制螺纹部分基本尺寸

公称直径 d (in)	每英寸牙数 n	螺距 P (mm)	螺纹大径（mm）			间隙（mm）		牙型高度 h_1 (mm)
			大径 d	中径 d_2	小径 d_1	c'	e'	
3/16	24	1.058	4.63	4.085	3.408	0.132	0.152	0.611
1/4	20	1.270	6.20	5.537	4.724	0.150	0.186	0.739
5/16	18	1.411	7.78	7.034	6.131	0.158	0.209	0.824
3/8	16	1.588	9.36	8.509	7.492	0.165	0.238	0.934
(7/16)	14	1.814	10.93	9.951	8.789	0.182	0.271	1.071
1/2	12	2.117	12.5	11.345	9.989	0.200	0.311	1.255
(9/16)	12	2.117	14.08	12.932	11.577	0.208	0.313	1.251
5/8	11	2.309	15.65	14.397	12.918	0.225	0.342	1.366
3/4	10	2.540	18.81	17.424	15.798	0.240	0.372	1.506
7/8	9	2.822	21.96	20.418	18.611	0.265	0.419	1.674
1	8	3.175	25.11	23.367	21.334	0.290	0.466	1.888

四、训练课题

通过加工英制螺纹工件掌握本课题内容。

1. 审图

按图6—26所示的要求加工英制螺纹工件。

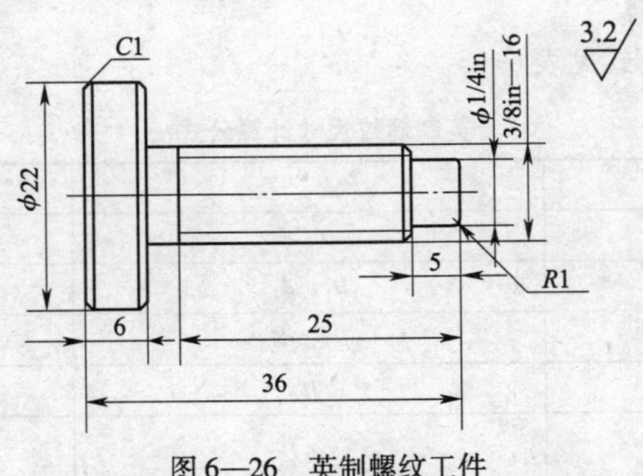

图6—26　英制螺纹工件

2. 材料

45钢，尺寸为ϕ25 mm×40 mm的棒料。

3. 设备

CA6136（或CA6140）型车床（三爪自定心卡盘）。

4. 工装

90°车刀，45°车刀，中心钻 A2/5 及钻夹具，外螺纹车刀，回转顶尖，游标卡尺 0.02 mm/(0 ~ 150 mm)。

五、训练指导

1. 加工步骤及加工简图

加 工 步 骤	加 工 简 图
1. 夹住工件外圆，伸出长度为 15 mm （1）车平端面 （2）车外圆 ϕ22 mm （3）倒角 C1 mm 2. 掉头装夹 （1）车端面，取总长 36 mm （2）钻中心孔，用后顶尖顶上工件 （3）车 ϕ1/4 in 的外圆及螺纹 3/8 in—16 的外径 （4）倒角 C1 mm 和 R1 mm （5）车削 3/8 in—16 的外螺纹	

2. 每英寸牙数与公称直径关系的经验公式

（1）当公称直径为 1/4 ~ 1/2 in 时，$n = 28 - 4 \times$公称直径的英分（1 英分 $= \frac{1}{8}$英寸）。

（2）当公称直径为 1/2 ~ $1\frac{1}{8}$ in 时，$n = 16 -$公称直径的英分。

每英寸牙数与公称直径的关系可查表 6—4 确定。

例 6—1 3/8 in 的英制螺纹每英寸中的牙数是多少？

解：$n = 28 - 4 \times$公称直径的英分 $= 28 - 4 \times \frac{3}{8} \times 8 = 28 - 4 \times 3 = 16$ 牙

3. 课题评分标准

mm

项目	序号	检测内容	配分	扣分标准	得分
外圆	1	ϕ22 mm，ϕ1/4in	8×2	未注公差超差不得分	
螺纹	2	3/8 in—16	13	通规过，止规每过 1 个螺距扣 1 分	
长度	3	36，6，5 mm	5×3	未注公差超差不得分	
倒角	4	倒角 C1 mm（3 处）	5×3	倒角不合格扣该项配分的 1/2	
其他	5	倒圆 R1 mm	5	倒角不合格扣该项配分的 1/2	
	6	$R_a \leq 3.2$ μm（9 处）	4×9	R_a 每降 1 级扣该项配分的 1/2	
合计			100		
姓名		操作时间	时 分始 时 分止	日期	考评教师

模块二　攻、套螺纹前螺纹底径与杆径的计算与攻、套螺纹

任务1　攻螺纹前螺纹底径的计算及攻螺纹

学习目标

攻螺纹前螺纹底径的计算

知识点

攻螺纹前螺纹底径的计算方法及攻螺纹方法

技能点

①能够用丝锥攻螺纹

②查表和计算能力

一、明确任务

按技术要求查表获得加工所需要的攻螺纹底径的要求，并且加工内螺纹。

二、实施任务

查表或计算攻螺纹底径的目的是为了快速、准确地获得加工所需的工艺装备，在查表或计算之前，应明确螺纹的种类及要求，然后分门别类地进行计算和查表。

三、知识链接

1. 普通螺纹钻底孔尺寸

普通螺纹钻底孔用钻头直径见表6—5。

表6—5　　普通螺纹钻底孔用钻头直径　　mm

计算公式：

$P<1$ mm时，$D_0=d-P$

$P>1$ mm时，$D_0=d-(1\sim1.1)P$

式中　P——螺距，mm

D_0——攻螺纹前钻头直径，mm

d——螺纹公称直径，mm

公称直径 d	螺距 P		钻头直径 D_0	公称直径 d	螺距 P		钻头直径 D_0
1	粗	0.25	0.75	20	粗	2.5	17.4
	细	0.2	0.8		细	2	17.9
						1.5	18.5
						1	19
2	粗	0.4	1.6	22	粗	2.5	19.4*
	细	0.25	1.75		细	2	19.9
						1.5	20.5
						1	21

续表

公称直径 d	螺距 P		钻头直径 D_0
3	粗	0.5	2.5
	细	0.35	2.65
4	粗	0.7	3.3
	细	0.5	3.5
5	粗	0.8	4.2
	细	0.5	4.5
6	粗	1	5
	细	0.75	5.2
8	粗	1.25	6.7
	细	1	7
		0.75	7.2
10	粗	1.5	8.5
	细	1.25	8.7
		1	9
		0.75	9.2
12	粗	1.75	10.2
	细	1.5	10.5
		1.25	10.7
		1	11
14	粗	2	11.9
	细	1.5	12.5
		1.25	12.7
		1	13
16	粗	2	13.9*
	细	1.5	14.5
		1	15
24	粗	3	20.9
	细	2	21.9
		1.5	22.5
		1	23
27	粗	3	23.9*
	细	2	24.9
		1.5	25.5
		1	26
30	粗	3.5	26.3*
	细	3	26.9
		2	27.9
		1.5	28.5
		1	29
33	粗	3.5	29.3*
	细	3	29.9
		2	30.9
		1.5	31.5
36	粗	4	31.8*
	细	3	32.9
		2	33.9
		1.5	34.5
39	粗	4	34.8*
	细	3	35.9
		2	36.9
		1.5	37.5
42	粗	4.5	37.3
	细	4	37.8
		3	38.9
		2	39.9
		1.5	40.5
45	粗	4.5	40.3*
	细	4	40.8
		3	41.9
		2	42.9
		1.5	43.5
48	粗	5	42.7
	细	4	43.8
		3	44.9
		2	45.9
		1.5	46.9

续表

公称直径 d	螺距 P		钻头直径 D_0	公称直径 d	螺距 P		钻头直径 D_0
18	粗	2.5	15.4	52	粗	5	46.7*
	细	2	15.9		细	4	47.8
		1.5	16.5			3	48.9
		1	17			2	49.9
						1.5	50.5

注：*为目前尚未列入麻花钻标准系列的规格，可根据加工条件选择相近尺寸的代用钻头。

2. 英制螺纹钻底孔尺寸

英制螺纹钻底孔用钻头直径见表6—6。

表6—6　　英制螺纹钻底孔用钻头直径

计算公式：

螺纹公称直径	铸铁与青铜	铜与黄铜
3/16～5/8in	$D_0=25\left(d-\frac{1}{n}\right)$	$D_0=25\left(d-\frac{1}{n}\right)+0.1$
$3/4\sim1\frac{1}{2}$ in	$D_0=25\left(d-\frac{1}{n}\right)$	$D_0=25\left(d-\frac{1}{n}\right)+0.2$

式中　n——每英寸牙数

D_0——攻螺纹前钻头直径，mm

d——螺纹公称直径，in

螺纹公称直径（in）	每英寸牙数	钻头直径（mm）		螺纹公称直径（in）	每英寸牙数	钻头直径（mm）	
		铸铁、青铜	铜、黄铜			铸铁、青铜	铜、黄铜
3/16	24	3.7	3.7	7/8	9	19.1	19.3
1/4	20	5.0	5.1	1	8	21.9	22
5/16	18	6.4	6.5	$1\frac{1}{8}$	7	24.6	24.7
3/8	16	7.8	7.9	$1\frac{1}{4}$	7	27.8	27.9
7/16	14	9.1	9.3	$1\frac{1}{2}$	6	33.4	33.5
1/2	12	10.4	10.5	$1\frac{5}{8}$	5	35.7	35.8
9/16	12	12	12.1	$1\frac{3}{4}$	5	38.9	39
5/8	11	13.3	13.5	$1\frac{7}{8}$	$4\frac{1}{2}$	41.4	41.5
3/4	10	16.3	16.4	2	$4\frac{1}{2}$	44.6	44.7

3. 圆柱管螺纹钻底孔尺寸

圆柱管螺纹钻底孔用钻头直径见表6—7。

4. 55°圆锥管螺纹钻底孔尺寸

55°圆锥管螺纹钻底孔用钻头直径见表6—8。

表 6—7　　圆柱管螺纹钻底孔用钻头直径

公称直径（in）	每英寸牙数	钻头直径（mm）	公称直径（in）	每英寸牙数	钻头直径（mm）
1/8	28	8.8	1	11	30.5
1/4	19	11.7	$1\frac{1}{8}$	11	35.2
3/8	19	15.2	$1\frac{1}{4}$	11	39.2
1/2	14	18.9	$1\frac{3}{8}$	11	41.6
5/8	14	20.8	$1\frac{1}{2}$	11	45.1
3/4	14	24.3	$1\frac{3}{4}$	11	51
7/8	14	28.1	2	11	57

表 6—8　　55°圆锥管螺纹钻底孔用钻头直径

公称直径（in）	每英寸牙数	钻头直径（mm）	公称直径（in）	每英寸牙数	钻头直径（mm）
1/8	28	8.4	1	11	29.7
1/4	19	11.2	$1\frac{1}{4}$	11	38.3
3/8	19	14.7	$1\frac{1}{2}$	11	44.1
1/2	14	18.3	2	11	55.8
3/4	14	23.6			

5. 60°圆锥管螺纹钻底孔尺寸

60°圆锥管螺纹钻底孔用钻头直径见表 6—9。

表 6—9　　60°圆锥管螺纹钻底孔用钻头直径

公称直径（in）	每英寸牙数	钻头直径（mm）	公称直径（in）	每英寸牙数	钻头直径（mm）
1/8	27	8.6	1	$11\frac{1}{2}$	29.2
1/4	18	11.1	$1\frac{1}{4}$	$11\frac{1}{2}$	37.9
3/8	18	14.5	$1\frac{1}{2}$	$11\frac{1}{2}$	43.9
1/2	14	17.9	2	$11\frac{1}{2}$	56
3/4	14	23.2			

6. 攻螺纹的工艺要求与方法

当螺纹螺距小于 2 mm 时，可在车床上用攻、套螺纹工具将外螺纹一次套出或将内螺纹一次攻出，掌握其方法可提高工件质量和加工效率。

攻螺纹的方法如下：

（1）把攻螺纹工具装在车床尾座锥孔内，将丝锥装在工具的方孔中，如图 6—27 所示。

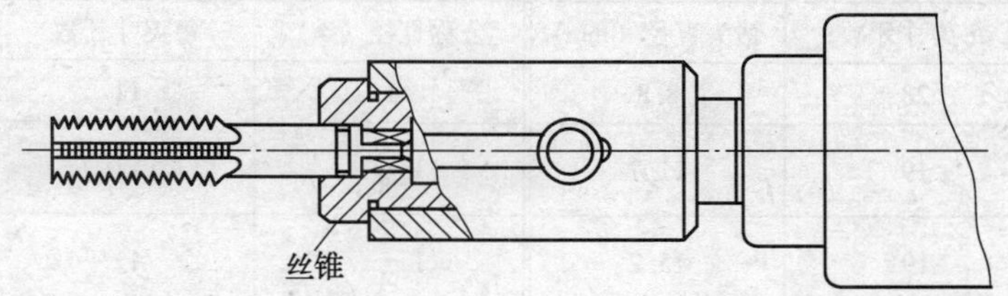

图 6—27　攻螺纹工具的使用方法

（2）移动尾座使丝锥靠近工件，锁紧尾座。

（3）根据工件螺纹部分的长度，在丝锥上做标记，或采用其他方法控制丝锥攻入工件的深度。

（4）开动车床，加注切削液，转动尾座手轮，当丝锥切入几个螺距后，攻螺纹工具能自动跟随丝锥向前移动时即停止转动手轮。

（5）丝锥移动至所需的尺寸时，开倒车退出丝锥。

7．重要提示

（1）攻、套螺纹时切削速度不能过高。

（2）丝锥和圆板牙不能歪斜。

（3）及时清除容屑槽内的切屑。

（4）攻、套螺纹时都需加注切削液。

四、训练课题

在加工尾柄（见图 6—28）的过程中，需要攻螺纹、滚花、车圆弧，通过加工应掌握攻螺纹技术。

1．审图

按图 6—28 所示的要求加工组合锤的尾柄（注：此件加工后，用于装配如图 7—31 所示的组合锤）。

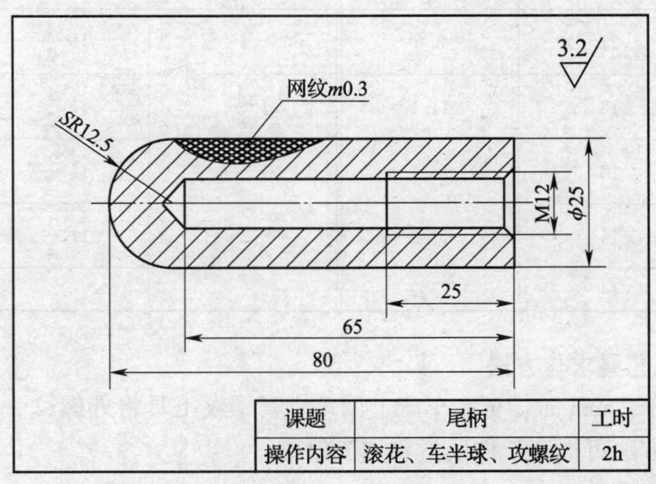

课题	尾柄	工时
操作内容	滚花、车半球、攻螺纹	2h

图 6—28　尾柄

2. 材料

45 钢，尺寸为 ϕ30 mm × 100 mm 的棒料。

3. 设备

CA6136（或 CA6140）型车床（三爪自定心卡盘）。

4. 工装

90°车刀，45°车刀，圆弧刀，滚花刀，ϕ10. 2 mm 的钻头，中心钻 A2/5 及钻夹具，回转顶尖，M12 的丝锥，游标卡尺 0. 02 mm/（0 ~ 150 mm）。

五、训练指导

1. 加工步骤及加工简图

加 工 步 骤	加 工 简 图
1. 夹住毛坯外圆 车端面，钻中心孔 2. 工件伸出 95 mm 长，用后顶尖顶上，夹紧 （1）车外圆至 $\phi25_{-0.6}^{-0.3}$ mm，长 80 mm （2）滚花 （3）钻 ϕ10. 2 mm 的孔，深 65 mm （4）用丝锥攻 M12 的螺纹	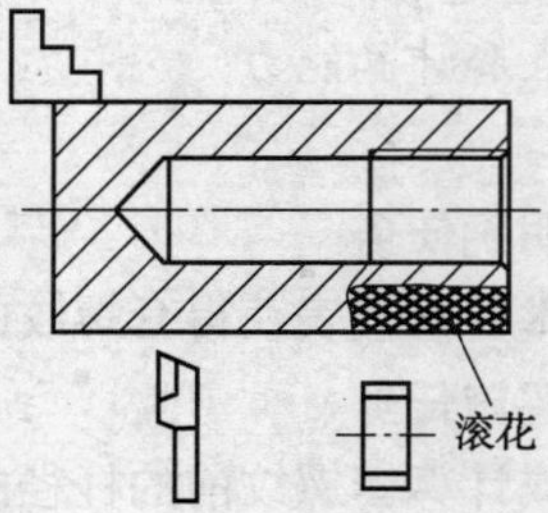 滚花
3. 将工件掉头垫铜皮夹紧 车 *SR*12. 5 mm 的半球，并保证总长 80 mm	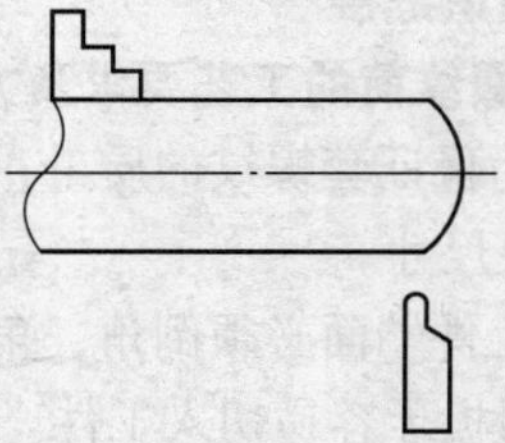

2. 注意事项

滚花时花纹要清晰，垫铜皮夹紧时夹紧力不易过大。

3. 攻螺纹时切削液的选择

攻螺纹时切削液的选择见表 6—10。

表 6—10　　攻螺纹时切削液的选择

工 件 材 料	切 削 液
碳素结构钢、合金钢	硫化油；乳化液
耐热钢	60% 的硫化油 + 25% 的煤油 + 15% 的脂肪酸
灰铸铁	75% 的煤油 + 25% 的植物油；乳化液；煤油
铜合金	煤油 + 矿物油；硫化油
铝及铝合金	煤油；松节油；极压乳化液

任务2　套螺纹前螺纹杆径的计算及套螺纹

学习目标

套螺纹前螺纹杆径的计算

知识点

①能够用圆板牙套螺纹

②套螺纹前螺纹杆径的计算方法

技能点

①能够用圆板牙套螺纹

②查表和计算能力

一、明确任务

按技术要求查表获得套螺纹的杆径要求，并加工外螺纹。

二、实施任务

查表或计算套螺纹前的杆径的目的是为了快速、准确地获得加工所需的工艺装备，在查表或计算之前，应明确螺纹的种类及要求，然后分门别类地进行计算和查表。

三、知识链接

1. 套螺纹前的工艺要求及方法

（1）为保证套螺纹的质量，套螺纹前应将工件螺纹部分外圆的直径车至接近螺纹大径的最小极限尺寸。

（2）工件端面必须倒角，角度大小可按图样标注加工，倒角后的端面直径应小于螺纹小径，使圆板牙容易切入工件。

（3）套螺纹前必须校正尾座轴线与主轴轴线水平方向的偏移量，使其不得大于0.05 mm。

（4）将圆板牙装入套螺纹工具时，应使其端面与工件轴线垂直，如图6—29所示为套螺纹工具的使用方法。

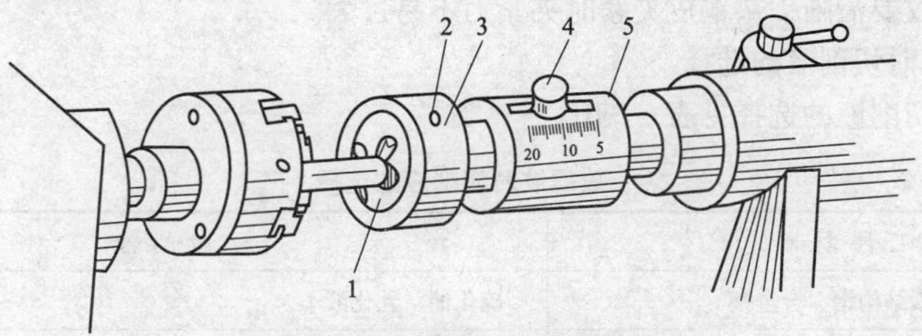

图6—29　套螺纹工具的使用方法

1—圆板牙　2—螺钉　3—滑动夹套　4—销钉　5—工具体

（5）把套螺纹工具装在车床尾座上，将圆板牙（见图6—30）装入滑动夹套3内，使螺钉2对准圆板牙上的锥坑后拧紧。

（6）将尾座移到工件前适当位置处锁紧，使主轴低速正向旋转，加注切削液。

（7）转动尾座手轮，使圆板牙逐渐切入（应防止圆板牙与工件发生碰撞性接触）工件

3~4 个螺距后，停止转动手轮（螺距较大的也可在停止转动手轮的同时松开尾座的锁紧装置，但要注意尾座与床鞍之间的距离应大于工件螺纹长度。螺距小的不宜用此种操作方法，因为尾座质量的影响易产生废品）。在旋转着的工件带动下，滑动夹套 3 在工具体 5 内自动轴向进给。

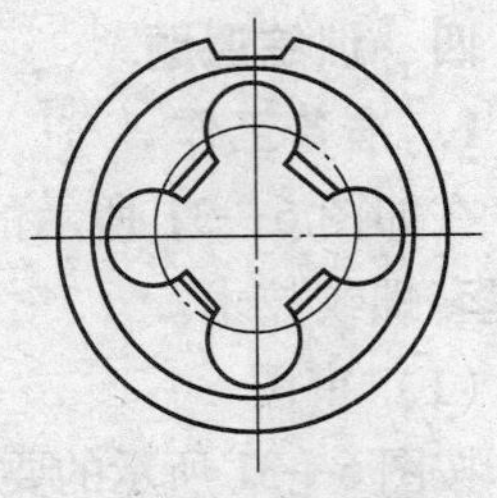

图 6—30　固定式圆板牙

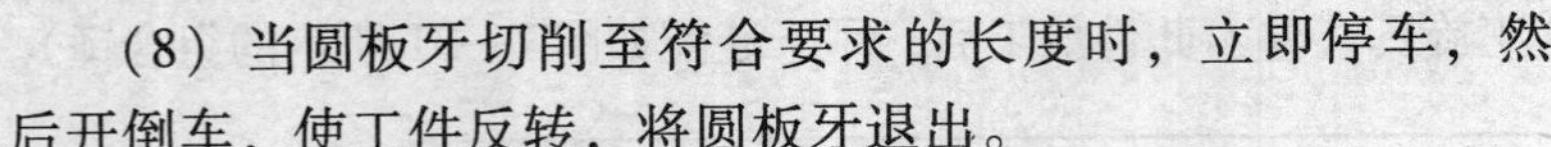

（8）当圆板牙切削至符合要求的长度时，立即停车，然后开倒车，使工件反转，将圆板牙退出。

2. 工件圆杆直径的确定

在工件上套螺纹（粗牙普通螺纹、英制螺纹、圆柱管螺纹）前圆杆直径的确定见表 6—11。

表 6—11　　粗牙普通螺纹、英制螺纹、圆柱管螺纹套螺纹前圆杆直径的确定

工件圆杆直径可按下式计算：

$$D = d - 0.13P$$

式中　D——工件圆杆直径，mm

d——螺纹公称直径，mm

P——螺距，mm

查表确定套螺纹前圆杆直径

粗牙普通螺纹				英制螺纹			圆柱管螺纹		
螺纹直径 d（mm）	螺距 P（mm）	圆杆直径 D（mm）		螺纹直径（in）	圆杆直径 D（mm）		螺纹直径（in）	管子外径 D（mm）	
		最小直径	最大直径		最小直径	最大直径		最小直径	最大直径
M6	1	5.8	5.9	1/4	5.9	6	1/8	9.4	9.5
M8	1.25	7.8	7.9	5/16	7.4	7.6	1/4	12.7	13
M10	1.5	9.75	9.85	3/8	9	9.2	3/8	16.2	16.5
M12	1.75	11.75	11.9	1/2	12	12.2	1/2	20.5	20.8
M14	2	13.7	13.85	—	—	—	5/8	22.5	22.8
M16	2	15.7	15.85	5/8	15.2	15.4	3/4	26	26.3
M18	2.5	17.7	17.85	—	—	—	7/8	29.8	30.1
M20	2.5	19.7	19.85	3/4	18.3	18.5	1	32.8	33.1
M22	2.5	21.7	21.85	7/8	21.4	21.6	$1\frac{1}{8}$	37.4	37.7
M24	3	23.65	23.8	1	24.5	24.8	$1\frac{1}{4}$	41.4	41.7
M27	3	26.65	26.8	$1\frac{1}{4}$	30.7	31	$1\frac{3}{8}$	43.8	44.1
M30	3.5	29.6	29.8	—	—	—	$1\frac{1}{2}$	47.3	47.6
M36	4	35.6	35.8	$1\frac{1}{2}$	37	37.3	—	—	—
M42	4.5	41.55	41.75	—	—	—	—	—	—
M48	5	47.5	47.7	—	—	—	—	—	—
M52	5	51.5	51.7	—	—	—	—	—	—
M60	5.5	59.45	59.7	—	—	—	—	—	—
M64	6	63.4	63.7	—	—	—	—	—	—
M68	6	67.4	67.7	—	—	—	—	—	—

四、训练课题

1. 准备工作

在如图 6—31 所示的旋具的加工过程中，需加工台阶轴、套螺纹和滚花，通过加工应掌握套螺纹技术。

（1）审图

按图 6—31 所示的要求加工旋具（注：此件加工后，用于装配如图 7—31 所示的组合锤）。

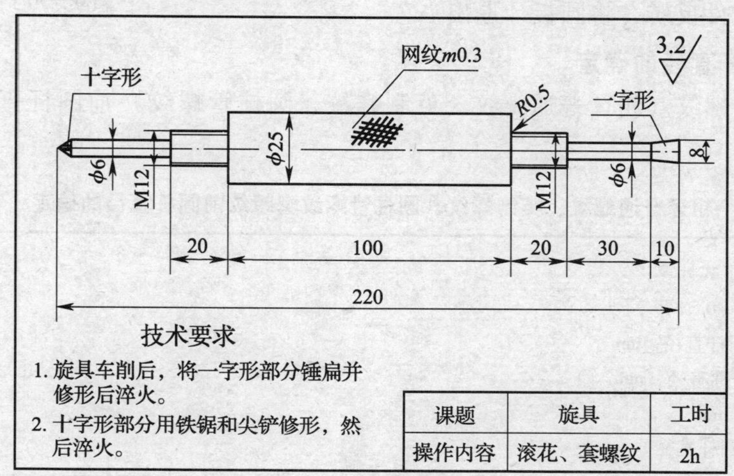

图 6—31　旋具

（2）材料

45 钢，尺寸为 ϕ30 mm × 230 mm 的棒料

（3）设备

CA6136（或 CA6140）型车床（三爪自定心卡盘）。

（4）工装

90°车刀，45°车刀，切断刀，滚花刀，圆板牙及套螺纹工具，中心钻 A2/5 及钻夹具，回转顶尖，游标卡尺 0. 02 mm/（0 ~ 150 mm）。

2. 旋具刃部工艺分析

旋具经车削后，按图样要求加工刃部，进行修形和淬火。

五、训练指导

1. 加工步骤及加工简图

加 工 步 骤	加 工 简 图
1. 将工件伸出 180 mm 后装夹 （1）车平端面，钻中心孔 （2）将外圆车至 $\phi25^{-0.3}_{-0.6}$ mm （3）滚花 105 mm 长 2. 垫铜皮夹紧，工件伸出长度为 70 mm，将中心孔车掉 （1）车外圆 $\phi12^{-0.10}_{-0.25}$ mm，长度为 60 mm。用成形刀车圆锥，保证大头为 ϕ（8 ± 0.2）mm，长度为 10 mm，小头为 ϕ6 mm （2）将其余 30 mm 长车至 ϕ6 mm 3. 螺纹根部处车出圆根 0. 5 mm，用圆板牙套 M12 的螺纹。	

续表

加工步骤	加工简图
4. 垫铜皮夹紧 (1) 车平端面，经测量后保证全长 (2) 车外圆 $\phi 12_{-0.25}^{-0.10}$ mm，长度为 60 mm (3) 车外圆 $\phi 6$ mm，长度为 40 mm (4) 将头部车成 60°圆锥 (5) 螺纹根部处车出圆根 0.5 mm，用圆板牙套 M12 的螺纹	

2. 注意事项

滚花时花纹要清晰，垫铜皮夹紧时夹紧力不易过大。

思考题

1. 车三角形螺纹有哪两种基本的操作方法?
2. 试述车三角形螺纹时的进刀方法。
3. 用小滑板刻度分线法的优缺点是什么?
4. 怎样利用螺纹样板装夹螺纹车刀?
5. 试述攻、套螺纹的注意事项。
6. 试述套螺纹前的工艺要求及套螺纹的方法。

第七单元　车床设备的维护与调整

模块一　卡盘的清洗与修复

任务1　卡盘的结构及拆装

学习目标

卡盘的结构及卡盘拆装知识

知识点

①三爪自定心卡盘的结构和形状

②三爪自定心卡盘的拆装知识

技能点

①能够在主轴上装卸三爪自定心卡盘和四爪单动卡盘

②能够对三爪自定心卡盘的零部件进行拆装及清洗

③能够根据装夹需要更换正、反卡爪

一、明确任务

熟悉和掌握三爪自定心卡盘的拆装及清洗过程。

二、实施任务

进行三爪自定心卡盘的拆装及清洗。三爪自定心卡盘是车床上常用的夹具，卡盘要经常清洗，以保证使用精度和灵活性。

三、知识链接

CA6140型车床主轴前端为短圆锥结构，它以短圆锥面和轴肩端面作为定位面，如图7—1所示为主轴前端连接卡盘体的结构。卡盘体（未画出）与连接盘4通过止口靠合定位后，用内六角螺钉连接在一起，再通过连接盘4，用4个螺栓5和锁紧盘2固定在主轴3上，通过螺母1拧紧。主轴轴肩端面有一圆柱形端面键起传递转矩的作用。紧定螺钉7用于当锁紧盘2转过一

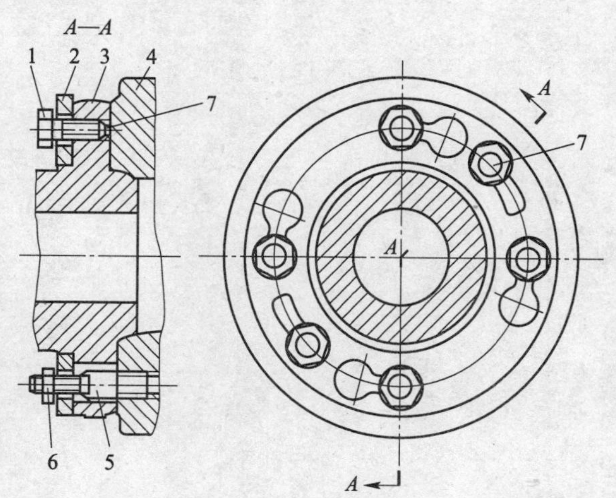

图7—1　主轴前端连接卡盘体的结构

1，6—螺母　2—锁紧盘　3—主轴

4—连接盘　5—螺栓　7—紧定螺钉

个角度后将其紧固。这种结构定心精度高，连接刚度高，装卸卡盘方便。

四、训练课题

1. 三爪自定心卡盘卡盘体内的结构

卡盘体的结构如图 7—2 所示，它主要包括卡爪 13、小锥齿轮 10（俗称葫芦头）、大锥齿轮 11（背面为大锥齿轮 11，正面为平面螺纹 12，11 及 12 为一个工件，俗称盘丝）、后盖、定位销柱和螺栓等。如图 7—3 所示为小锥齿轮与大锥齿轮啮合形式，图中 9 为方孔，卡盘扳手的方榫可塞入其中后进行转动，从而带动大锥齿轮转动。如图 7—4 所示为平面螺纹与卡爪啮合形式，大锥齿轮和平面螺纹转动，从而带动卡爪沿直线移动。

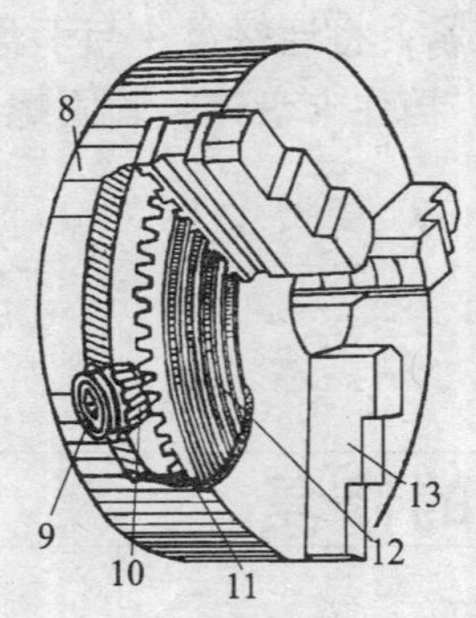

图 7—2　卡盘体的结构
8—卡盘体　9—方孔
10—小锥齿轮　11—大锥齿轮（反面）
12—平面螺纹（正面）　13—卡爪

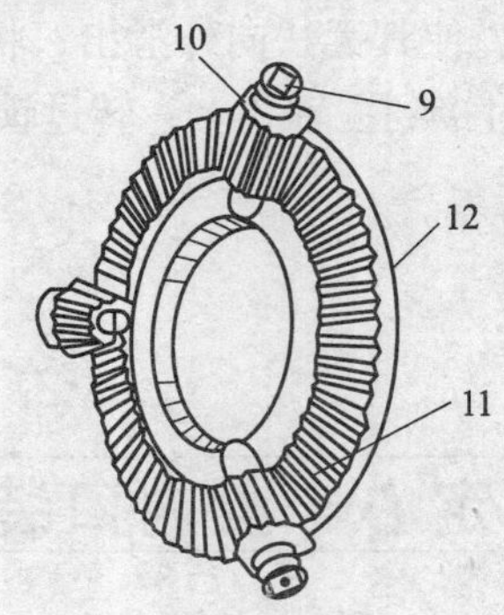

图 7—3　小锥齿轮与大锥齿轮啮合形式
9—方孔　10—小锥齿轮
11—大锥齿轮　12—平面螺纹

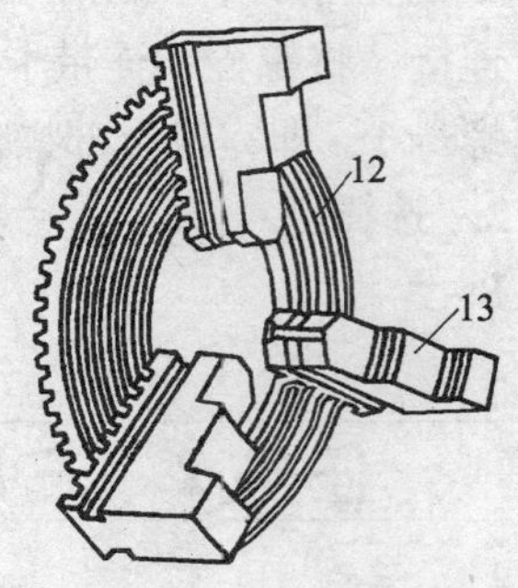

图 7—4　平面螺纹与卡爪啮合形式
12—平面螺纹（正面）　13—卡爪

如图 7—5 所示的卡爪为正、反爪能够轮换使用的组合结构，只要将紧固螺钉松开并卸掉，就可将其前一半拿下，经擦拭后翻转 180°重新装上，就可变换正、反爪后重新使用了。如图 7—6 所示为卡爪进入卡盘体的顺序，由于三个卡爪要依次旋进平面螺纹，要保证三个卡爪同时移动时卡爪内口的同轴度，因此，三个卡爪第一牙的位置不能一样，后进的卡爪的牙要少一部分，后进的牙刚一旋进时，卡爪就必须往前多进一些，以保证三个卡爪的卡爪内口的同轴度。装入卡爪时，平面螺纹必须逆时针转动，然后依次安装卡爪，先安装短口的 1 爪，再安装 2 爪，最后安装长口的 3 爪。

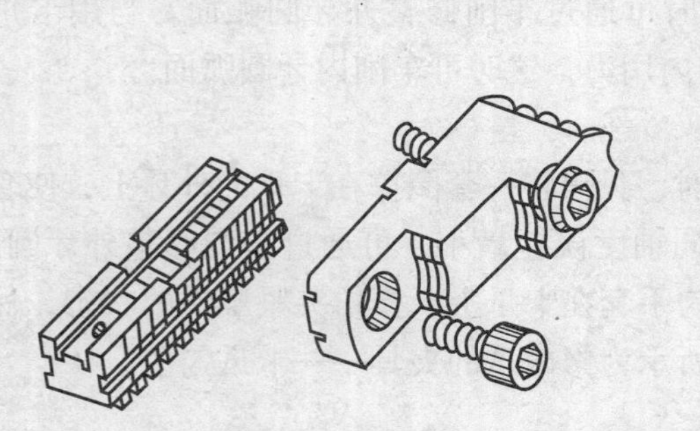
7—5　正、反爪能够轮换使用的组合结构

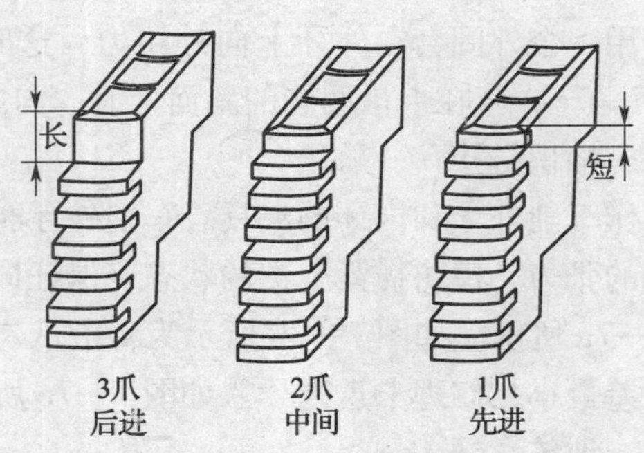

图 7—6　卡爪进入卡盘体的顺序

2. 选择题

在三爪自定心卡盘上装卡爪时，卡爪的安装顺序是（　　）。

A. 任意的　B. 第一牙距较窄的先装　C. 第一牙距较宽的先装

五、训练指导

1. 卡盘的拆装顺序

卡盘的拆卸顺序为：松开紧定螺钉 7 的螺母 1，松开螺栓 5 的螺母 6，将锁紧盘 2 转过一定角度，使锁紧盘 2 的开口变大，取下连接盘 4 及卡盘体 8，然后松开螺钉，将连接盘 4 及卡盘体 8 脱开，打开后盖，拧出销钉，拔出小锥齿轮 10，倒出盘丝（大锥齿轮 11 及平面螺纹 12），滑出卡爪 13 即可。

卡盘的安装顺序为：将盘丝（大锥齿轮 11 及平面螺纹 12）装入卡盘体 8，塞入小锥齿轮 10，拧进销钉，挡住小锥齿轮，使其无法向外滑出，将后盖拧紧，将连接盘 4 与卡盘体 8 进行连接，将螺栓 5 连带卡盘体对接到主轴 3 上，转过锁紧盘 2，挡住卡盘体，紧固螺母 6，紧固螺母 1，即完成全部操作动作。

2. 选择题

B

任务 2　三爪自定心卡盘内口装夹面的修复

学习目标

对三爪自定心卡盘内口的装夹面进行修复的方法

知识点

三爪自定心卡盘的规格

技能点

对三爪自定心卡盘内口的装夹面进行修复的技能要求

一、明确任务

修理卡爪的内牙和外牙，是保证卡爪的内、外牙与主轴轴线的同轴度，进而保证工件同轴度的措施。

二、实施任务

利用一个外圈套在外牙上向外用力，这时可通过车削修整外牙圆弧面。当用卡爪勾手（见图 7—7c）套在卡爪两侧的斜面上时，向内用力，这时可车削内牙圆弧面。

三、知识链接

制作车削外牙和内牙的夹具。车削外牙时，只需将一套圈撑在卡爪的外牙上，使套圈受到均匀的张力，模仿撑紧工件的状态，保证同轴度误差最小，可通过车削修整外牙圆弧面，如图 7—7a 所示。如图 7—7b 所示为将卡爪勾手套在卡爪上，模仿夹紧工件的状态，保证同轴度误差最小，修理卡爪内牙。如图 7—7c 所示为修内爪的夹具——卡爪勾手。

四、训练课题

1. 修卡爪的车刀

（1）清理卡盘盘丝，对号旋进卡爪，上好夹具。

（2）选择转速 $n<50$ r/min，进给量 $f<0.1$ mm/r。

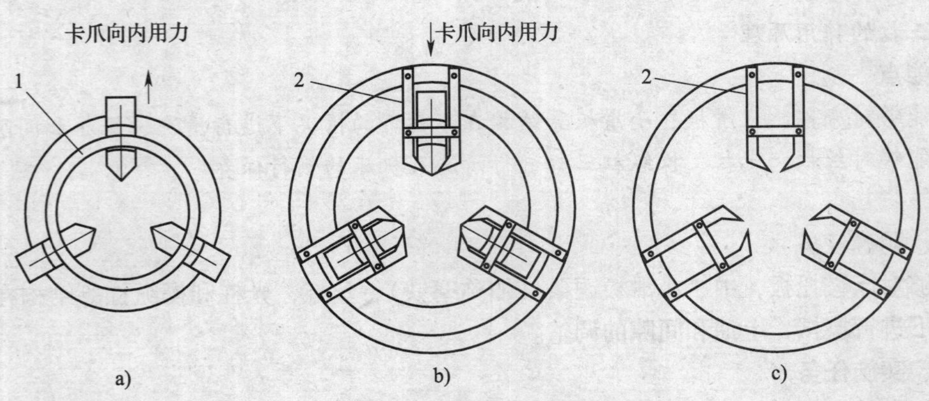

图 7—7 修卡爪的夹具

a）修外爪 b）修内爪 c）修内爪的夹具

1—套圈 2—卡爪勾手

（3）刃磨刀具，内孔刀具需要两种，车内孔的刀具选用刚度较高的 90°内孔车刀，如图 7—8 所示。如图 7—9 所示为车削内牙尖沟的 60°车刀。

图 7—8 90°内孔车刀　　图 7—9 车削内牙尖沟的 60°车刀

2. 问答题

应怎样修复三爪自定心卡盘内口的装夹面?

五、训练指导

1. 倒锥的车削

车削内口时，注意倒锥为 0.05 mm 左右（视卡盘新旧情况不同，新卡盘倒锥小一些，旧卡盘倒锥大一些,），以适应卡盘的张口误差。

2. 问答题

应怎样修复三爪自定心卡盘内口的装夹面?

答：修复三爪自定心卡盘的内口时，需要专门的夹具模仿夹紧工件的状态，保证同轴度误差最小，修理卡爪内牙，三个卡爪要均匀受力。再用内孔车刀或内孔砂轮对三个卡爪的内圆进行修磨。

模块二 滑动部位的调整与清洗

任务 1 床鞍、中滑板、小滑板、三杠的调整与清洗

学习目标

床鞍、中滑板、小滑板、三杠的清洗及作用原理

知识点

①床鞍、中滑板、小滑板、三杠结构的调整点和清洗部位知识

②三杠的作用原理

技能点

①能够对床鞍、中滑板、小滑板等结构在不拆卸的情况下进行清洗、保养和间隙的调整

②能够对丝杠、光杠、操纵杠三杠进行清洗及机床的例行保养

一、明确任务

能够对床鞍托板，中、小滑板镶条（旧称塞铁），丝杠，光杠和操纵杠等结构在不拆卸的情况下进行擦拭、上油和间隙的调整。

二、实施任务

在工作前要进行床鞍托板间隙的调整，配合润滑进行。对中、小滑板镶条要针对所要加工的工件性质进行调整，如进行粗加工要紧一些，毛坯加工余量大要紧一些。调整工具为一字旋具及扳手。

三、知识链接

如图 7—10 所示为整体刀架部分的结构，它包含床鞍、中滑板、角度刻度盘、小滑板和刀架。

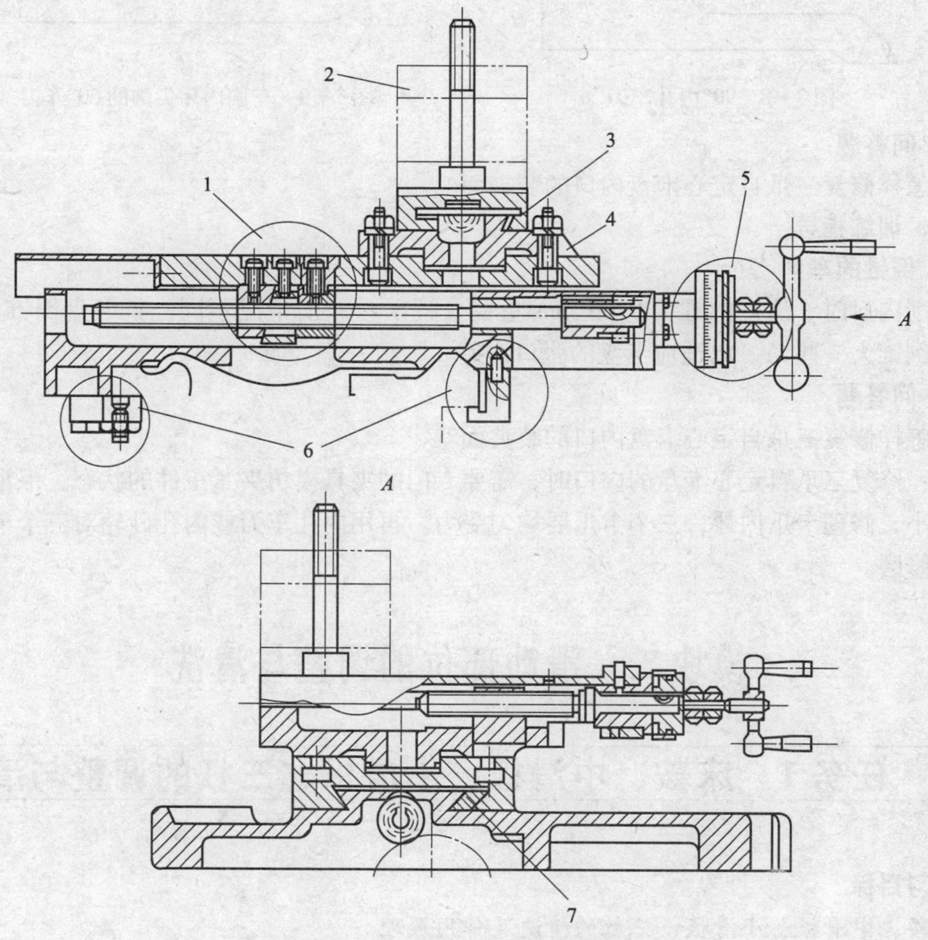

图 7—10　整体刀架部分的结构

1—中滑板丝杆螺母调整部分（见图 7—27）　2—刀架部分　3—小滑板镶条　4—角度刻度盘
5—刻度盘调整部分（见图 7—19）　6—床鞍调整部分（见图 7—14）　7—中滑板镶条

四、训练课题

1. 间隙的调整

进行床鞍前、后托板间隙的调整，中滑板、小滑板镶条间隙的调整，中滑板丝杆与螺母间隙的调整，中滑板刻度盘的调整，三杠的擦拭及润滑。

2. 问答题

（1）床鞍托板的作用是什么?

（2）中滑板、小滑板镶条的间隙怎样调整?

（3）交换齿轮架的齿轮间隙为什么要进行调整?

五、训练指导

1. 床鞍托板部分的调整

床鞍托板部分是控制整体刀架部分（包括床鞍、角度刻度盘、中滑板、小滑板、刀架）的受力机件，受力后，太松会导致整体刀架部分倾斜，产生振动及“扎刀”现象。前面靠近主轴侧的托板如图7—11所示，前面靠近尾座侧的托板如图7—12所示，床鞍后面的托板如图7—13所示。床鞍与床身导轨的间隙常通过床鞍后面的托板进行调整，如图7—14所示。松开调整螺钉2，按紧紧固螺钉3，然后以调整螺钉2调整滑动板1，以微动为正常间隙量，拧紧调整螺钉2的螺母。调整内侧压板时，一般将靠近主轴侧的压板6直接用紧固螺钉5紧固，紧固后自然留有间隙量；在靠近尾座侧的压板有的是直接紧固的，有的是可调式的，可进行间隙量的调整。

图7—11　靠近主轴侧的托板

图7—12　靠近尾座侧的托板

图7—13　床鞍后面的托板

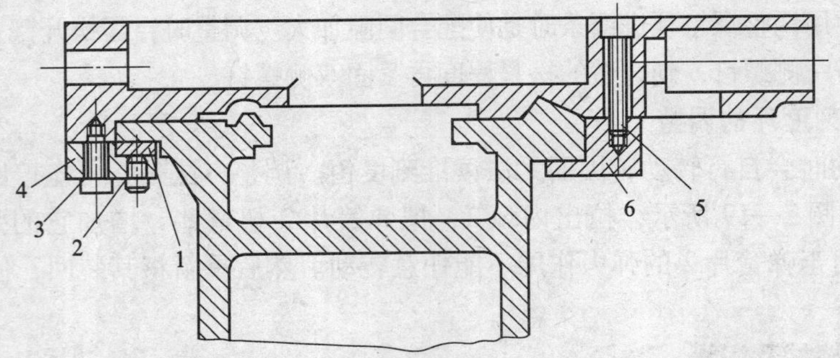

图7—14　床鞍与床身导轨间隙的调整

1—滑动板　2—调整螺钉　3，5—紧固螺钉　4，6—压板

2. 小滑板镶条间隙的调整

小滑板镶条间隙通过前、后端的调整螺钉进行调整，小滑板前端和后端镶条调整螺钉如图7—15所示，如图7—16所示为小滑板镶条及调整螺钉的结构。

a)

b)

图 7—15　小滑板前端和后端镶条调整螺钉

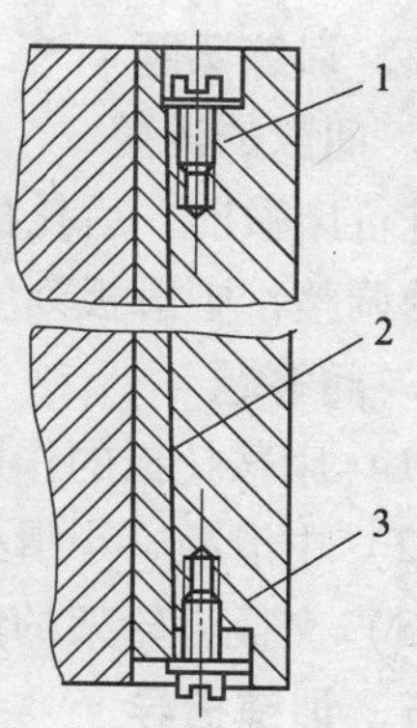

图 7—16　小滑板镶条及调整螺钉的结构

1—后端螺钉　2—镶条　3—前端螺钉

3. 中滑板镶条间隙的调整

中滑板镶条间隙通过前、后端的调整螺钉进行调整，中滑板前端镶条调整螺钉如图 7—17所示，如图 7—18 所示为中滑板镶条及调整螺钉的结构。

a)

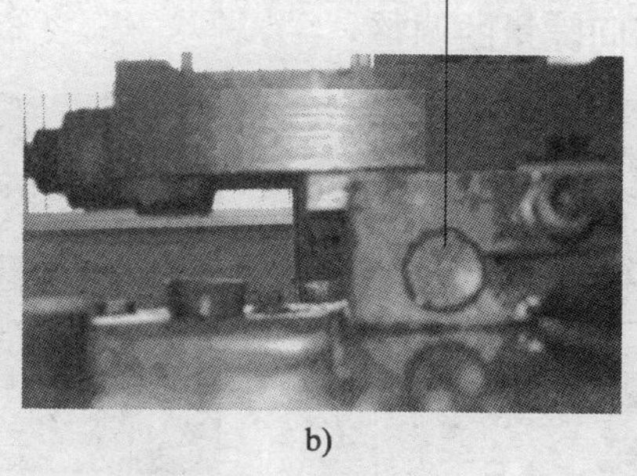

b)

图 7—17　中滑板前端镶条调整螺钉

镶条是一头厚、一头薄的锥条件，厚端头在前端，用调整螺钉顶进时是使配合间隙减小。薄端头在后端，用调整螺钉顶进镶条时是使配合间隙加大。调整时，需松开镶条移动方向的螺钉，然后紧固另一侧螺钉，到合适的松紧程度再紧固双侧螺钉。

4. 中滑板刻度环的调整

刻度环松动时会自行转动，因而无法读准刻度值。调整方法是：可先拧出调节螺母 4 和紧固螺母 5，如图 7—19 所示，拉出内环 3，把弹簧片 2 扭弯些，增加它的弹力，使外环 1 与内环 3 之间由于弹簧片 2 的弹力作用不能任意转动。然后重新将其装回，使间隙适当时再拧紧紧固螺母。

5. 三杠的擦拭及润滑

在擦拭丝杠时，一般要将丝杠螺纹沟内的油泥擦掉，因此需将丝杠快速转动，用油布擦拭。丝杠快速转动的同时主轴不能跟着旋转，这时主轴需空转。丝杠空转时的主轴箱、进给箱手柄位置如图 7—20 所示。

（1）将主轴箱四色快慢挡变速手柄放在空挡位置，使主轴空转；将加大螺距及左、右螺纹变换手柄放在加大螺距位置；螺纹种类及丝杠、光杠变速手柄放在 B，使丝杠运转；螺

1
2
3

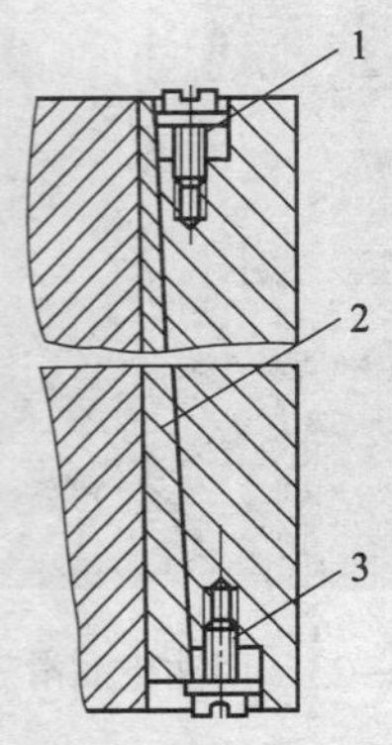

图 7—18　中滑板镶条及调整螺钉的结构

1—后端螺钉　2—镶条　3—前端螺钉

1 2 3 4 5

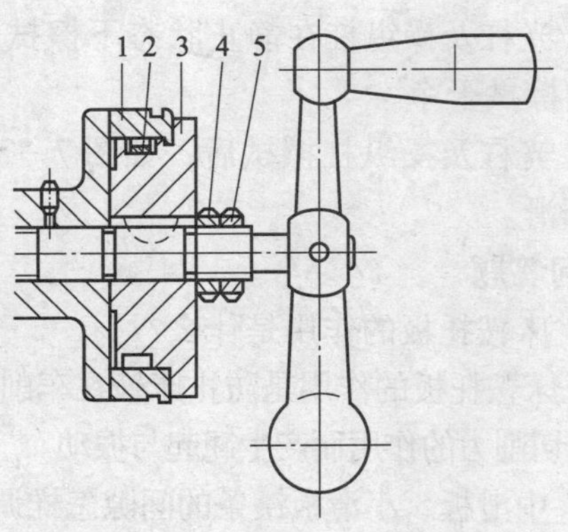

图 7—19　刻度环的调整

1—外环　2—弹簧片　3—内环

4—调节螺母　5—紧固螺母

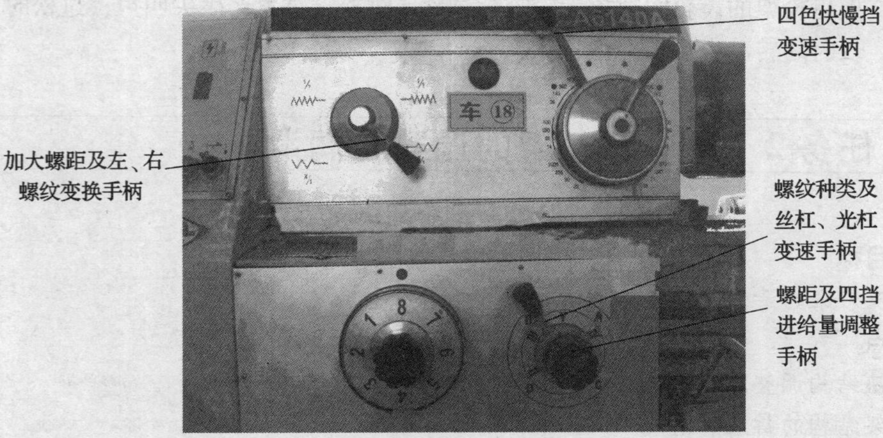

四色快慢挡
变速手柄
加大螺距及左、右
螺纹变换手柄
车 ⑱
螺纹种类及
丝杠、光杠
变速手柄
螺距及四挡
进给量调整
手柄

图 7—20　丝杠空转时的主轴箱、进给箱手柄位置

距及四挡进给量调整手柄放在位置Ⅳ，使螺距放到最大；这时提起操纵杠，使丝杠处于快速正转状态，目的是擦拭丝杠螺旋槽的左半部分。擦拭时，将油布放进丝杠牙槽中，两手拽住油布的两头，油布向左运动擦拭，如图 7—21 所示。在床头端擦拭丝杠时，应压下操纵杠，使丝杠处于快速反转状态，将油布放进丝杠牙槽中，两手拽住油布的两头，油布向右运动擦拭，如图 7—22 所示，擦拭后用油枪润滑丝杠，如图 7—23 所示。

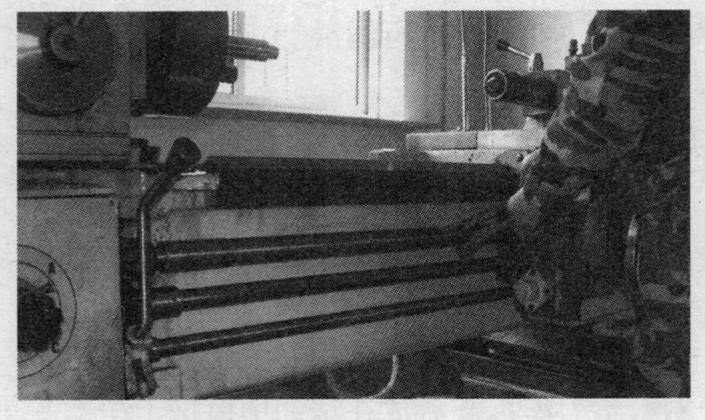

图 7—21　擦拭丝杠左半部分

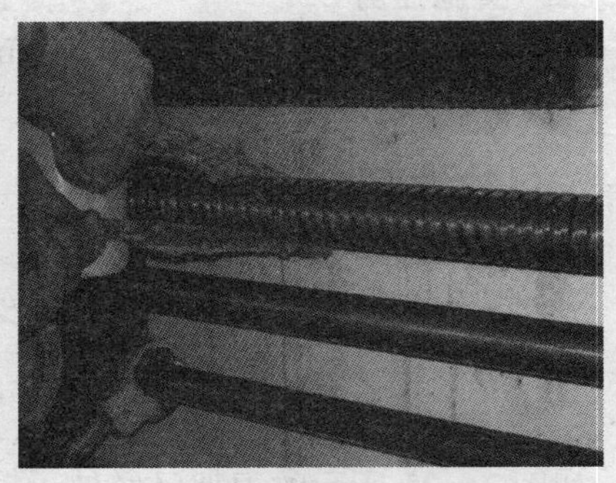

图 7—22　擦拭丝杠右半部分

（2）光杠及操纵杠在静止状态下擦拭，要将键槽内擦拭干净。

（3）光杠及操纵杠擦拭后，如图 7—23 所示注油润滑。

图 7—23　用油枪润滑三杠

6. 问答题

（1）床鞍托板的作用是什么？

答：床鞍托板的作用是防止床鞍在车削过程中因受到切削力的作用而产生翘起与振动。

（2）中滑板、小滑板镶条的间隙怎样调整？

答：应用旋具将镶条两侧的调整螺钉拧松，然后根据镶条要移动的方向，放开一侧的调整螺钉，将另一侧的调整螺钉向前顶紧，摇动滑板到松紧合适时，再将放开的调整螺钉顶紧。

（3）交换齿轮架的齿轮间隙为什么要进行调整？

答：交换齿轮架的齿轮间隙指齿轮咬合过紧或过松，过紧产生尖叫声；过松时，齿轮受力会脱开，长时间转动也会损坏齿轮。

任务 2　尾座、刀架的调整与润滑

学习目标

尾座及刀架的清洗、调整与润滑

知识点

①尾座结构调整点和清洗

②刀架结构的拆装和清洗

技能点

①能够对尾座结构的间隙进行调整

②能够将刀架拆卸后进行清洗和保养

一、明确任务

对尾座及刀架等结构进行不拆卸擦拭和间隙调整。

二、实施任务

在工作中要随时对尾座及刀架的间隙进行调整，并同时进行润滑。

三、知识链接

CA6140 型车床尾座的结构如图 7—24 所示。

四、训练课题

对刀架拆卸后进行擦拭和清洗。对尾座的锁紧力进行调整。

五、训练指导

1. 刀架的拆卸及组装

如图 7—25 所示的刀架已经处于拆卸状态，将刀架拆卸后放在洗油中擦拭干净，并重新进行组装。

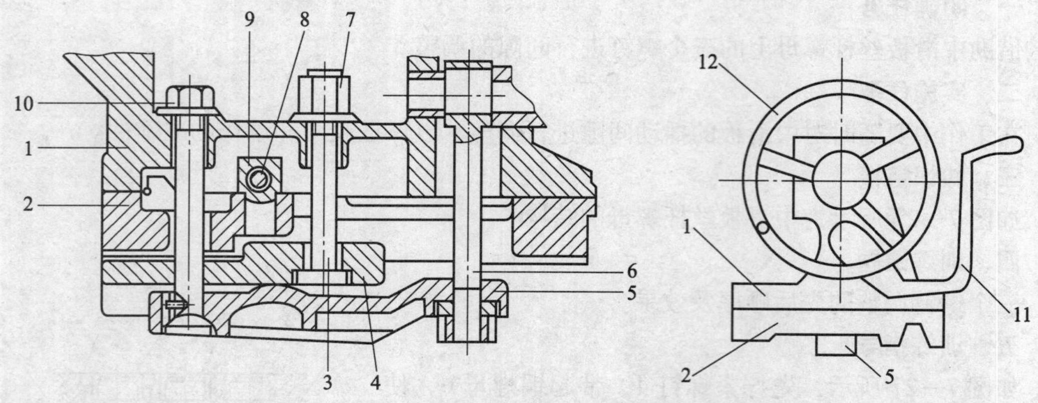

图 7—24　CA6140 型车床尾座的结构

1—尾座体　2—尾座底板　3—螺杆　4—压板　5—锁紧杠杆　6—锁紧拉杆　7—锁紧螺母　8—调整螺钉　9—调偏螺母　10—圆螺母　11—快速锁紧手柄　12—手轮

2. 尾座圆螺母及锁紧螺母的调整

如图 7—26 所示为尾座调整圆螺母及锁紧螺母。需紧固尾座时，一般将快速锁紧手柄 11 拉起，如果快速锁紧手柄 11 拉起时太紧，可拧松圆螺母 10（见图 7—24 中的 10 和图 7—26 中的 1）；反之，如果快速锁紧手柄 11 拉起时太松，可拧紧圆螺母 10，当轴向力较大且又需要长时间固定尾座时，可连带紧固锁紧螺母 7（见图 7—24 中的 7 和图 7—26 中的 2）。

图 7—25　刀架的拆卸与擦拭

图 7—26　尾座调整圆螺母及锁紧螺母

1—圆螺母　2—锁紧螺母

任务 3　中滑板丝杆螺母间隙的调整

学习目标

中滑板丝杆螺母间隙的调整

知识点

中滑板丝杆螺母调整点原理

技能点

能够调整中滑板丝杆螺母的间隙

一、明确任务

借助中滑板丝杆螺母上的三个螺钉进行间隙的调整。

二、实施任务

在工作中要随时对中滑板的摇动间隙进行调整，以保证尺寸和动作的准确性。

三、知识链接

如图 7—27 所示为中滑板丝杆螺母的结构。

四、训练课题

三个螺钉调整的先后顺序及效果。

五、训练指导

如图 7—27 所示，先拧紧螺钉 4，带起铜螺母 6，使中滑板丝杆 7 处于水平位置，如果其不在水平位置，应在机修工人的指导下拆下中滑板，在铜螺母 6 的上方加薄铜皮，使拧紧螺钉 4 后中滑板丝杆处于水平位置，以正、反均能运转自如为准。然后松开螺钉 2，使铜螺母 1 处于自由状态，紧或松螺钉 3，带动楔块 8 上下移动，使铜螺母 1 左右移动，调整其与中滑板牙槽侧面的间隙量。如果楔块 8 调整合适后，即铜螺母 1 处于最佳状态，可轻轻拧紧螺钉 2，使丝杆 7 转动自如即可。

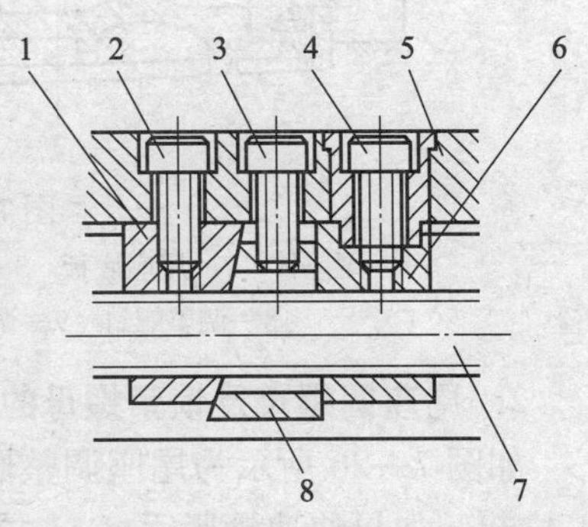

图 7—27　中滑板丝杆螺母的结构
1，6—铜螺母　2，3，4—螺钉
5—中滑板　7—丝杆　8—楔块

＊任务 4　装配

学习目标

建立组合装配概念，对产品的质量与功能有较深的理解

知识点

尺寸公差的控制范围，装配精度

技能点

能够组合、调整、装配各个零件，达到工具的实用性功能

一、明确任务

1. 能够调整及装配攻、套螺纹工具。
2. 能够调整及装配组合锤。
3. 能够调整及装配安全卡盘扳手。

二、实施任务

在工作中要随时对任务中零件的加工实施监测，注意尺寸精度，确保其具有装配性，保证尺寸和动作的准确性。

三、知识链接

在前面所讲述的内容中，对于组装上述三种工具的零件大部分作为典型案例已讲述，剩余零件还有两件，即如图 7—28 所示的长丝堵和如图 7—29 所示的窄丝堵（注：这两件加工

后用于装配如图 7—32 所示的安全卡盘扳手）。

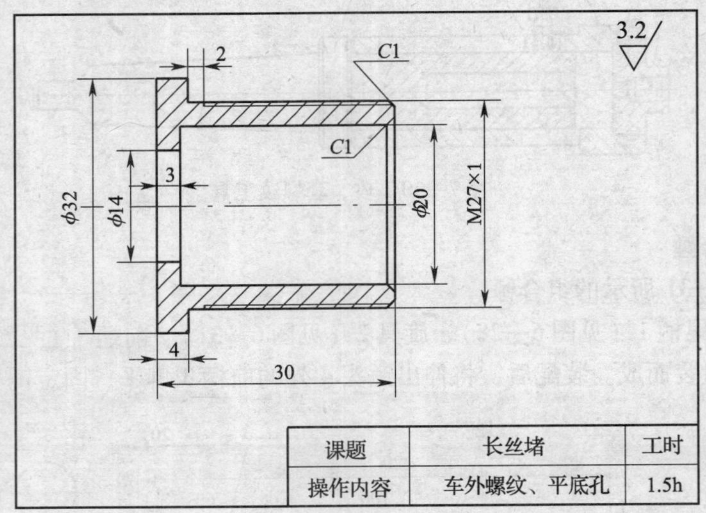

图 7—28　长丝堵

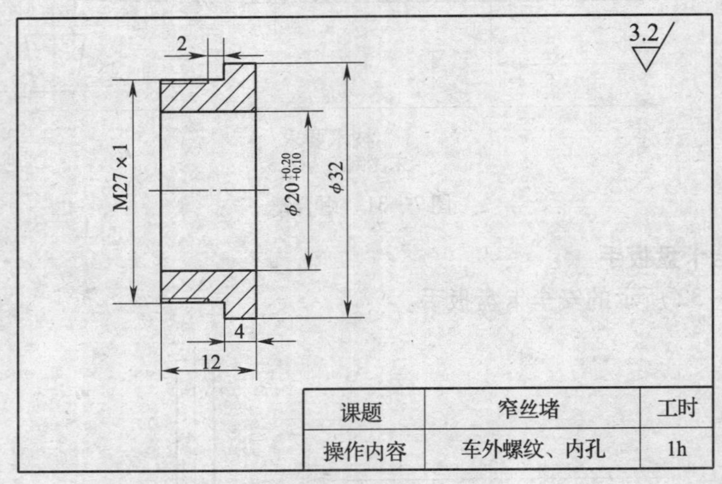

图 7—29　窄丝堵

四、训练课题

将三个工具进行组合装配。使得在零件加工后达到预期的装配和使用效果。

五、训练指导

1. 装配攻、套螺纹工具

装配如图 7—30 所示的攻、套螺纹工具，此攻、套螺纹工具由攻螺纹夹头 1（见图 2—30），顶丝 2，攻、套螺纹活动夹套 3（见图 3—31），定位销柱 4，滚套 5 和攻、套螺纹工具锥柄 6（见图 5—12）组装而成。先将攻、套螺纹活动夹套 3 与攻、套螺纹工具锥柄 6 进行装配，然后在定位销柱 4 上套上自配滚轮 5，穿过攻、套螺纹活动夹套 3 的长条孔，拧在攻、套螺纹工具锥柄 6 上，在攻、套螺纹活动夹套 3 的端部直口中，配合攻螺纹夹头 1，用顶丝 2 固定，当攻、套螺纹活动夹套 3 的端部直口中配合套螺纹夹头时，套螺纹夹头上可装上圆板牙套螺纹。

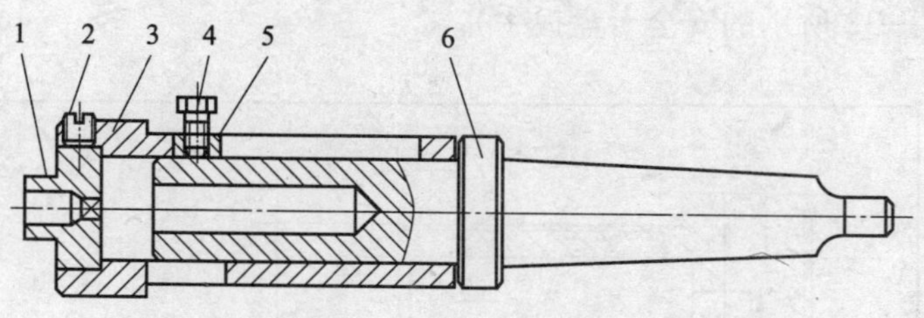

图 7—30　攻、套螺纹工具

2. 装配组合锤

装配如图 7—31 所示的组合锤。

此组合锤由尾柄 1（见图 6—28）、旋具 2（见图 6—31）、前柄 3（见图 5—6）和锤头 4（见图 4—30）组装而成。装配后，将伸出锤头 4 外的前柄 3 铆平，固定锤头。

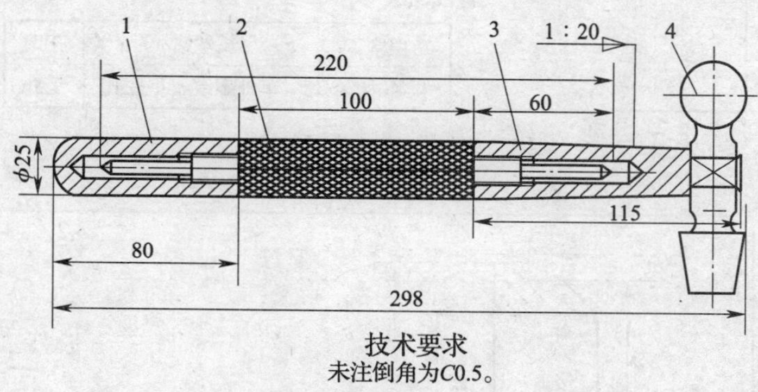

图 7—31　组合锤

3. 装配安全卡盘扳手

装配如图 7—32 所示的安全卡盘扳手。

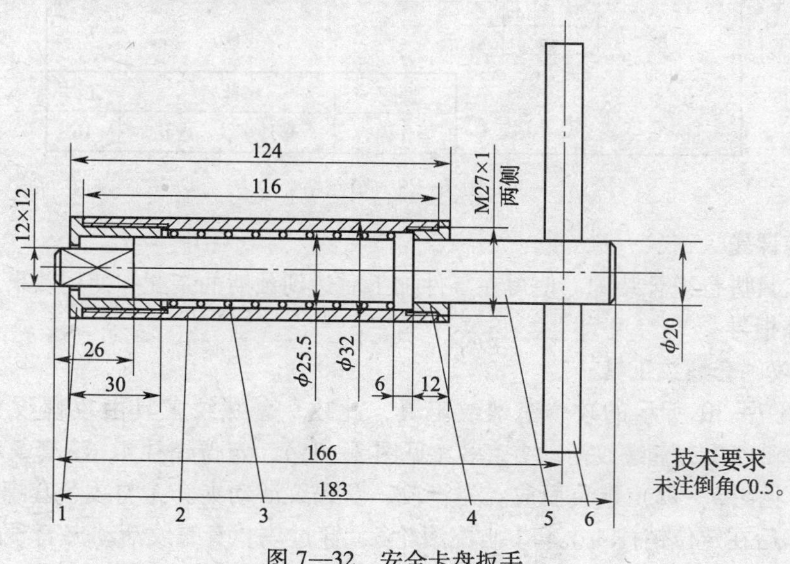

图 7—32　安全卡盘扳手

此安全卡盘扳手由长丝堵 1（见图 7—28）、套筒 2（见图 6—21）、弹簧 3（见图 4—32）、窄丝堵 4（见图 7—29）、方榫杆 5（见图 2—15）和扳杠 6（见图 4—3）组装而成。

先将窄丝堵4从方榫杆5的右侧装入；然后在方榫杆5的左侧装入套筒2，使其与窄丝堵4配合旋紧；随后在方榫杆5和套筒2中装入弹簧3，用长丝堵1顶入弹簧3，旋紧在套筒2上；最后，在方榫杆上安装扳杠6，在滚花部位过盈配合。

思考题

1. 卡爪应怎样装入卡盘体？
2. 试述卡盘的拆装顺序。
3. 床鞍托板部分的间隙怎样调整？
4. 小滑板镶条间隙怎样调整？
5. 中滑板镶条间隙怎样调整？
6. 怎样调整中滑板丝杆螺母的间隙？